DES

AÉROSTATS.

NAVIGATION AÉRIENNE;
CHEMIN DE FER AÉROSTATIQUE;
AÉROSTATS CAPTIFS;

PAR

PROSPER MELLER JEUNE,

BREVETÉ,

sans garantie du gouvernement.

« L'homme va parcourir les plaines azurées,
» De son étroit domaine agrandir les contrées;
» Et de l'onde céleste, hardi navigateur,
» Côtoyer chaque pôle et franchir l'équateur. »

BORDEAUX,

CHEZ GOUNOUILHOU, SUCCESSEUR DE H. FAYE

ET IMPRIMEUR DE L'ACADÉMIE,

Rue Sainte-Catherine, 139.

1851

[Exemplaire auquel il manque
la Dédicace]

DES AÉROSTATS.

DES

AÉROSTATS.

NAVIGATION AÉRIENNE ; CHEMIN DE FER AÉROSTATIQUE ; AÉROSTATS CAPTIFS ;

PAR

PROSPER MELLER JEUNE,

BREVETÉ,

sans garantie du gouvernement.

« L'homme va parcourir les plaines azurées,
» De son étroit domaine agrandir les contrées ;
» Et de l'onde céleste, hardi navigateur,
» Côtoyer chaque pôle et franchir l'équateur. »

BORDEAUX,

CHEZ GOUNOUILHOU, SUCCESSEUR DE H. FAYE

ET IMPRIMEUR DE L'ACADÉMIE,

Rue Sainte-Catherine, 139.

1851

Les manuscrits pour l'obtention des brevets d'invention ont été déposés, le 20 juin et le 1er octobre 1850, au Ministère de l'Agriculture et du Commerce, où tout le monde a pu en prendre connaissance. Cette précision de date est nécessitée par quelques articles qui ont paru dans des publications récentes.

TABLE.

NAVIGATION AÉRIENNE.

Ire PARTIE.

IIe PARTIE.

INTRODUCTION.

Extrait du Rapport fait à l'Académie des Sciences, sur la Machine aérostatique.

D'ailleurs, on sent que tous ces usages se multiplieront encore, lorsque cette Machine aura été perfectionnée; et même qu'ils deviendront d'une toute autre conséquence, si on parvient jamais à la diriger, *comme tout semble en annoncer la possibilité.*

Fait à l'Académie des Sciences, le 23 décembre 1783.

Signé : Le Roy, Tillet, Brisson, Cadet, Lavoisier, Bossut, le marquis de Condorcet, et Desmarest.

Extrait du Rapport fait à l'Académie des Sciences, le 6 septembre 1830.

La création de l'art d'une navigation aérienne vraiment utile, est subordonnée à la découverte d'un nouveau moteur, dont l'action comporterait un appareil beaucoup moins pesant que les moteurs connus.

Dans l'état actuel de nos connaissances et de nos ressources mécaniques, avec les seuls moteurs qui sont aujourd'hui à notre disposition, il est impossible de résoudre le problème de la direction des aérostats.

Signé : Navier.

Extrait d'une lettre publiée dans le Journal de Paris, *et reproduite dans l'ouvrage intéressant de* MM. J. Turgan et G. de Nerval.

« Tel est le sort de l'humanité : les révolutions les plus heureuses, les découvertes les plus utiles, lui coûtent des sacrifices. La navigation coûte encore à l'humanité des milliers de victimes, et la navigation est utile aux hommes.

» Les aérostats, il est vrai, ne seront que des prodiges, tant qu'on ne trouvera pas le moyen de les diriger; mais si la possibilité des moyens de direction est encore un problème, qui osera dire que le problème est insoluble, ou qu'il est déjà décidé contre la possibilité?

» Je respecte l'autorité des savants et j'en connais le poids; *mais la science ne combine et ne compare que les forces connues : ses résultats ne peuvent aller au delà, non plus que ses comparaisons et ses combinaisons; le génie et le hasard découvrent des forces nouvelles. La science voit ce qui est actuellement possible; le hasard et le génie étendent la limite des possibles, et créent, pour ainsi dire, des possibles nouveaux.*

» Avant la découverte de M. de Montgolfier, la philosophie avait annoncé qu'il était impossible à l'homme de s'élever dans les airs, et elle avait raison, parce qu'elle ne combinait et ne comparait que les forces connues. M. de Montgolfier est venu; il a apporté d'Annonay une force nouvelle, et l'homme a plané dans les airs; et c'est au moment que cette découverte a étendu les limites des possibles d'une manière prodigieuse, qu'on osera prononcer qu'il est impossible de les étendre encore!

» Cette découverte nous a accoutumés aux prodiges, et la raison a droit d'en attendre de nouveaux.

» Des hommes intrépides épuiseront les combinaisons dans de nombreuses expériences; ils interrogeront pour ainsi dire le hasard de toutes les manières.

» Le génie, en même temps, veillera de tous côtés sur la nature; et une seule de ses observations, une seule de ses idées, vaudra peut-être mieux que des milliers d'expériences. »

Nous n'avons pu savoir qui avait écrit ces lignes; mais elles sont certainement l'œuvre d'un grand esprit, et devraient être affichées continuellement sous les yeux des détracteurs de l'aérostation.

Julien TURGAN.

NAVIGATION AÉRIENNE.

Ire PARTIE.

PREMIÈRE SECTION.

CONSIDÉRATIONS GÉNÉRALES.

On proscrirait moins de pensées d'un Ouvrage, si on les concevait comme l'auteur.

PASCAL.

Toutes les sciences sont les rameaux d'une même tige.

BACON.

I.

Depuis les frères Montgolfier et Charles, la navigation aérienne n'a fait aucun progrès sérieux; elle est encore, quant à la pratique, ce qu'elle était à son origine. Si toutes les recherches ont été infructueuses, elles indiquent néanmoins l'utilité de cet art, qui tiendra un jour le premier rang parmi les découvertes dont s'enorgueillit l'humanité.

Les essais malheureux ont jeté une défaveur générale sur cette partie importante de la science; à tel point, qu'on la considère à peine, qu'on ne voit dans les aérostats qu'un sujet d'amusement public, digne tout au plus de figurer dans nos fêtes. Et, en réalité, quels services ont rendu les aérostats? Ils n'ont été qu'une source de deuil, qu'une tombe toujours ouverte aux victimes qui se livrent en spectacle. Les innombrables ascensions répétées partout, n'ont pas fait faire un pas à la science : elles ont seulement amusé les uns et tué les autres..... Mais détournons nos regards de ces tristes pensées, ne nous décourageons pas; réunissons au contraire nos efforts : le succès sera le prix de notre union.

Aéronautes! je vous en conjure, cessons de nous regarder en rivaux, faisons abnégation de tout sentiment personnel de gloire ou d'intérêt; répondez à mon appel, et le problême de la navigation aérienne sera désormais résolu! Car ce problême n'est plus qu'une question d'argent, et la France, berceau de l'aérostation, ne refusera certainement pas les fonds nécessaires à une tentative suprême, lorsqu'elle sera sollicitée par une vaste association, renfermant toutes les garanties de capacité et de dévouement à la science.

Qui oserait poser des limites à la puissance de l'homme, après les mille merveilles que nous admirons tous les jours? Pourquoi ne pourrions-nous pas nous diriger dans l'espace, lorsque tout nous en indique la possibilité? A ceux qui nient cette possibilité, je rappellerai ce philosophe grec, qui se contenta de marcher devant *Zénon* pour lui prouver le mouvement, et je leur montrerai les oiseaux qui volent.

Oui, comme les volatiles, nous trouverons dans l'air un point d'appui suffisant. Il est vrai qu'ils sont infiniment mieux organisés que nos meilleures machines; mais, par contre, nous avons sur eux un avantage qui balance leur supériorité physiologique; leurs ailes doivent produire deux actions différentes : les élever et les diriger; tandis que l'aérostat se soutenant de lui-même, nous pouvons employer toutes nos forces à la direction horizontale.

De tous temps, l'homme a dû jeter un regard jaloux sur les volatiles, et désirer, comme l'aigle superbe, s'élancer librement dans les plaines azurées. Ce désir aurait été réalisé, si nous en croyons un grand nombre d'auteurs. Quoi qu'il en soit, il est incontestable que le vol à tire d'ailes a occupé les philosophes de tous les siècles [1].

N'espérons pas, cependant, voler à la manière des oiseaux ; nous ne pouvons prétendre à ce que la nature elle-même semble s'être interdit : elle n'a point créé de très-gros volatiles, et les plus gros que nous ayons ne volent pas. D'ailleurs, comment imiter la souplesse, la force et l'exactitude des mouvements des ailes, et, surtout, quel serait le moteur à la fois léger et assez puissant pour agiter convenablement des ailes qui devraient être immenses pour vaincre le poids de l'homme et celui de l'appareil. On obtiendrait plutôt un résultat avec des machines plus faciles à mouvoir, telles que des hélices et des ventilateurs, combinés avec la résistance de l'air sur une vaste surface inclinée, faisant l'effet du cerf-volant.

II.

Les oiseaux et les poissons éprouvent, par leur forme effilée, peu de résistance de la part des fluides qu'ils traversent. La faible résistance qu'ils éprouvent sur le devant, est encore amoindrie par la pression

[1] Voir BOURGEOIS, *Recherches sur l'art de voler*.

des fluides sur les plans inclinés de leur partie postérieure.

Cette forme, indiquée par la nature, et sanctionnée par l'expérience journalière des vaisseaux, devra servir de modèle aux aérostats.

Parmi les propriétés de la forme allongée, il en est une principale :

Tout le monde a observé que les oiseaux ont une grande vitesse lorsqu'ils planent sans faire aucun mouvement. J'ai cherché à m'expliquer cette puissance occulte, et je crus voir l'action de la pesanteur, en remarquant que les oiseaux descendent à mesure qu'ils avancent. Je m'en assurai aussitôt en laissant tomber une feuille de papier qui se dirigea obliquement à la verticale, dans le sens de son inclinaison.

Cette précieuse découverte me conduisit naturellement à une autre. Je me dis : si la pesanteur produit une puissance horizontale, la légèreté doit produire, par opposition, le même effet. Ainsi, un morceau de bois allongé, ou un bâton placé dans l'eau, revient à la surface en suivant une route oblique.

Encouragé comme je l'étais, je continuai avec bonheur mes observations.

Je découvris le moyen qu'emploient les oiseaux pour se gouverner, indépendamment de leur queue et sans frapper l'air de leurs ailes. En s'inclinant à la fois en avant et sur le côté, ils tournent en décrivant une ligne spirale à mesure qu'ils descendent; lorsqu'ils ne s'inclinent que sur le côté, ils se dirigent seulement en travers.

Les oiseaux s'inclinent sur le côté en frappant l'air — soit avec une seule aile, ou avec plus de vitesse d'un côté que de l'autre, — ou bien en fermant tout ou partie d'une de leurs ailes, et en ouvrant l'autre entièrement; de manière que n'étant pas également appuyés sur l'air des deux côtés, ils s'inclinent et descendent obliquement du côté de l'aile repliée; ils descendent ainsi plus rapidement et plus verticalement que lorsqu'ils ont les deux ailes déployées et inclinées dans le même sens.

Les oiseaux règlent leur inclinaison longitudinale, en ouvrant plus ou moins leur queue. Ils s'inclinent en avant, par exemple, en augmentant la résistance de l'air sur l'arrière. Si la tête éprouve moins de résistance à descendre que la queue, il est clair qu'elle descendra plus vite, et que, par suite, l'inclinaison se réalisera.

C'est par cette raison que l'hirondelle en papier des enfants, s'incline toujours du côté de la pointe (*T* fig. 2), quand bien même elle serait lancée par la queue (*Q*); car, dans ce cas, elle se retourne la tête en avant.

Cette observation sera essentielle pour incliner notre aérostat. Ce n'est qu'en imitant les êtres qui se meuvent dans l'air avec tant de facilité, que nous parviendrons à diriger les aérostats. On ne peut mieux faire que la nature.

La puissance d'avancement que les oiseaux doivent à leur forme et à la résistance de l'air, leur sert aussi à se reposer, à reprendre de nouvelles forces, tout en continuant leur marche; elle leur sert encore à louvoyer verticalement en zig-zag arrondi, en montant et en descendant, lorsque le vent est fort.

La crainte de donner trop d'étendue à ces considérations, m'oblige à passer sous silence quelques faits relatifs aux oiseaux et aux poissons. Je dirai toutefois, que les poissons utilisent la différence des résistances de l'eau pour monter et descendre obliquement, et qu'ils nous indiquent un moyen de remplacer le lest : ils aident leurs nageoires, pour descendre et monter, en dilatant ou comprimant leur vessie. Nous pouvons pareillement rendre l'aérostat lourd en comprimant une de ses parties, et léger ensuite en le rétablissant dans son premier volume.

Je ne crois pas sans intérêt de raconter comment une araignée m'a donné l'idée de m'occuper des aérostats. Qui aurait supposé que cet insecte, objet de notre aversion, employait pour ses voyages de long-cours ce que l'homme vient à peine de découvrir?

Voici le fait :

Vers la fin d'octobre 1847, sur le rebord d'une gouttière, je vis une araignée jaunâtre, à pattes courtes, qui excita mon attention et me fit retarder l'instant de sa mort par son singulier exercice : elle se suspendait, remontait, etc. Tout à coup, elle s'élance sur un fil tenant à la gouttière et à un peloton de soie qui se soutenait en l'air comme un petit cerf-volant, et que je n'avais pas encore aperçu. Le fil se rompit, et l'araignée s'éloigna avec la vitesse du vent.

Il n'en fallait pas tant pour faire réfléchir un admirateur des merveilles de la nature!

Ne serait-il pas possible qu'une certaine espèce d'araignée changerait de climat, comme les oiseaux à l'approche de l'hiver? Ce qui le ferait supposer, c'est que l'émigration des oiseaux commence précisément au mois d'octobre, et qu'en ce moment le vent étant nord, l'araignée-aéronaute était portée vers le sud.

DEUXIEME SECTION.

DES AÉROSTATS.

CHAPITRE Ier.

Principes.

Supposons, dans un vase, des liquides de poids différents, tels que du mercure, de l'eau, et de l'huile qui occupera la surface.

Un corps surnagera sur l'huile, si son poids est inférieur à celui de l'huile qu'il déplacera, et il s'enfoncera jusqu'à ce que le poids du liquide déplacé soit égal au sien.

Si le corps est de même poids que son volume d'huile, il s'y enfoncera entièrement, et il restera où on le placera; s'il est plus lourd, il descendra dans l'eau en partie ou en entier, s'y arrêtera, ou pénètrera dans le mercure, en partie ou en entier encore; ou bien, ira de suite au fond, selon le degré de sa pesanteur, et, dans ce cas, il ne pèsera sur le fond du vase qu'en raison de l'excès de sa pesanteur spécifique sur celle du mercure; car, d'après le principe d'Archimède, il aura acquis une diminution de pesanteur égale à celle du mercure déplacé. D'après cela, un corps pèsera moins et descendra moins vite dans un fluide spécifiquement plus lourd que dans un autre plus léger.

Et si, maintenant, on diminue progressivement le poids du corps, sans toucher à ses dimensions, ou qu'on n'augmente que son volume, — ou autrement qu'on augmente davantage son volume que son poids, — il s'élèvera proportionnellement à sa légèreté, non-seulement au-dessus des liquides, mais aux zones les plus hautes, les plus rares, de l'atmosphère, et serait alors un Aérostat.

Le poids de l'air décroît, comme celui des liquides proposés, à des hauteurs plus grandes, et l'aérostat suit, dans l'air, les lois que suivent les corps dans les liquides.

Donc, quels que soient le poids réel et la grandeur d'un aérostat, il sera sans pesanteur, si la pesanteur spécifique de l'air est égale à la sienne; si elle est plus grande, l'aérostat montera jusqu'à ce qu'il rencontre une couche avec laquelle il soit en équilibre; — et si, étant déjà élevé, sa pesanteur vient à augmenter, il descendra par l'excès de son poids, comme tous les corps.

Les liquides étant presque incompressibles, ont, à toute hauteur, la même densité. L'air, au contraire, est plus dense à la surface du globe, étant comprimé par le poids des couches supérieures.

Un aérostat entièrement gonflé, sans soupape, et fermé, éclaterait à une certaine élévation, l'enveloppe n'étant plus pressée par l'air ambiant, avec une force égale à celle de l'expansion du gaz. En ne le remplissant qu'aux trois-quarts, il finira de se gonfler par la dilatation du gaz à mesure qu'il s'élèvera, et, par l'accroissement de son volume, il balancera le décroissement de densité de l'atmosphère; de manière que sa puissance d'ascension sera à peu près la même, dans un air plus léger, que près de la terre; car elle ne commencera à diminuer, que lorsque le gaz, en se dilatant, remplira complètement l'aérostat.

Des formes des Aérostats.

Les propriétés de la forme sphérique étant connues de tous, je ne parlerai que de la forme hémisphérique et de la forme allongée.

CHAPITRE II.

FORME HÉMISPHÉRIQUE.

Aérostats captifs.

La forme hémisphérique réunit les propriétés de l'aérostat et du cerf-volant, sans en avoir les inconvénients. La surface du cercle *ABCD* (fig. 6) fera l'effet d'un cerf-volant.

Les petits *aérostats-cerfs-volants* seront en baudruche, et les grands en étoffe vernie. Le cerf-volant pourra être construit séparément, et l'aérostat s'attachera derrière lui.

L'étoffe d'un grand cerf-volant sera soutenue par un filet; elle sera tendue sur un cercle *ABCD* (fig. 7) par des lignes en zig-zag passant par des œillets et dans le cercle en corde *EFGH*. L'étoffe se tendra mieux ainsi qu'en la cousant, et il sera facile de la retendre à volonté. Les bambous *AC* et *BD* seront au besoin renforcés ou remplacés par des arcs (fig. 8), qui offriront beaucoup de résistance, ne pouvant être débandés tant que leur corde ne se coupera pas.

Lorsque le vent souffle par rafale, un cerf-volant court le risque d'être brisé si sa corde résiste. L'effort qu'il soutient étant proportionné à son inclinaison, il est clair qu'il n'éprouvera aucune avarie, en augmentant à propos, et suffisamment, son inclinaison. On obtiendra ce résultat avec une poulie, ou avec deux cordes.

La poulie *P* (fig. 6) sera estropée sur le contre-poids horizontal *APC*, et pourra glisser sur le contre-poids vertical *BPE*, depuis *P* jusqu'à l'arrêt *F*. Le point d'appui étant alors mobile, le vent soulèvera la partie *D* chaque fois qu'il soufflera avec violence, et, aussitôt qu'il faiblira, le poids de la queue rappellera la machine à sa position ordinaire, et s'opposera à tout renversement.

On règlera l'inclinaison d'un grand appareil, en filant plus ou moins la corde *C* (fig. 9).

L'aérostat-cerf-volant se lancera très-facilement, n'importe par quel vent, puisqu'il pourra s'élever par sa propre force ascensionnelle. — A capacité égale, il s'élèvera davantage qu'un ballon , ayant une puissance de plus, — et il ne tombera pas comme les cerfs-volants, si le vent est faible, ou s'il change subitement de direction.

Il existe dans l'atmosphère, à diverses hauteurs, des courants d'air différents : les cerfs-volants ne peuvent pas atteindre les courants supérieurs, ne pouvant pas traverser, comme l'aérostat, la couche d'air tranquille qui sépare les deux vents.

Enfin, l'aérostat-cerf-volant sera tenu sans difficulté, et n'aura d'autres mouvements que ceux produits par les variations du vent, tandis qu'un ballon sphérique est très-difficile à maintenir captif. M. le colonel *Cou-*

telle, ancien commandant des *Aérostiers*, qui resta pendant neuf heures en observation à la bataille de Fleurus, dit à ce sujet :

« Chaque fois que la nacelle avait touché la terre, l'aérostat se relevait par un mouvement accéléré, avec une telle vitesse, que soixante-quatre personnes, trente-deux à chaque corde, étaient entraînées à une grande distance, et plusieurs restaient suspendues. — Si j'avais employé une machine qui m'avait été envoyée pour fixer les cordes à terre, le filet aurait été brisé si les cordes n'avaient pas cassé par la résistance. »

PRINCIPALES APPLICATIONS DE L'AÉROSTAT-CERF-VOLANT.

I. — Aérostat-cerf-volant militaire.

L'aérostat-cerf-volant militaire (fig. 9) sera très-utile en temps de guerre. Le manœuvrant sans peine, l'observateur n'éprouvera aucune secousse, et n'aura pas à redouter le danger des montées et des descentes d'un simple aérostat, qui sont aussi violentes que souvent répétées.

Au moyen d'un petit treuil ou d'un palan, la personne pourra se descendre elle-même à terre, et se hisser ensuite en laissant l'appareil en l'air.

Avec quelques modifications faciles à imaginer, on pourra déposer ou prendre des lettres, des personnes, ou des fardeaux, dans une ville, sur une montagne, dans une île; faire traverser une rivière, etc.

Les savants pourront ainsi s'élever promptement aux sommets des montagnes. Dans ce cas, il sera peut-être nécessaire de soutenir les cordes vers le milieu par un second aérostat.

A défaut d'aérostat hémisphérique, on diminuera les oscillations d'un ballon ordinaire en plaçant au-dessus de la nacelle une voilure inclinée, qui tendra constamment à élever l'appareil par l'action du vent. Ayant la forme concave d'un parachute, cette voilure aura plus de puissance qu'un cerf-volant à surface plane.

Un appareil télégraphique, établi sur un aérostat, transmettrait les ordres instantanément à des distances considérables.

On pourrait organiser des machines de guerre et des brûlots aériens, avec des aérostats libres ou captifs de diverses formes, pouvant aller contre le vent ; mais je ne développerai pas cette question, les hommes n'ayant déjà que trop perfectionné l'art de se détruire.

II. — Aérostat-cerf-volant électrique.

Les cerfs-volants électriques ordinaires sont dangereux et difficiles à lancer; celui-ci (fig. 6) n'exposera à aucun danger, s'élevant et se dirigeant tout seul.

La corde métallique sera attachée à un cylindre isolé et garanti de l'humidité, qui se dévidera lorsque l'appareil montera. On le descendra après l'orage, en tournant le cylindre avec une manivelle en verre et un mécanisme isolant, ou en passant sa corde dans un anneau communiquant avec le réservoir commun (la terre), et la tenant par le bout, qui doit être en soie, l'appareil arrivera à l'anneau à mesure qu'on s'en éloignera.

Un aérostat-cerf-volant électrique de 2 mètres de

diamètre atteindrait à la région des nuages, et pourrait se lancer d'une fenêtre. Pour le faire aller contre le vent et monter verticalement, on y assujettira des fusées, dont le recul agira contre le vent.

III. — Aérostat-cerf-volant nautique.

L'aérostat-cerf-volant-nautique sera plus avantageux que le cerf-volant ordinaire, pour envoyer une amarre à terre lorsque le bâtiment est à la côte et qu'on ne peut faire usage des embarcations, parce que l'aérostat-cerf-volant réunissant deux forces : celle de sa légèreté spécifique et celle du vent, s'élève et part de lui-même, tandis qu'un simple cerf-volant est très-difficile à lancer à bord, où l'on ne peut courir.

Un aérostat-cerf-volant de 3 mètres de diamètre suffira pour établir un va-et-vient entre la terre et le navire naufragé; si l'on n'employait qu'un aérostat sphérique, il devrait avoir une capacité beaucoup plus grande, car le vent, au lieu de le soutenir en l'air comme à l'aérostat-cerf-volant, tendrait au contraire à le plonger dans la mer, à cause de l'angle formé par sa corde et l'horizon.

La manœuvre de l'aérostat-cerf-volant nautique sera la même que celle du cerf-volant, déjà décrite par M. Baudin, dans son *Manuel du marin* :

« Lorsqu'un bâtiment a été jeté à la côte par un événement quelconque, il est urgent d'établir le plus tôt possible un moyen de communication entre la terre et lui, pour sauver l'équipage. Plusieurs moyens ont été essayés.

» Une bouée mise en dérive peut faire arriver jusqu'à

la plage, le bout d'un filin léger que l'on amarre sur elle; et ceux qui viennent pour porter des secours dans cette circonstance, halent à terre une aussière amarrée sur le bout de ce filin. On a ainsi un *va-et-vient* pour les embarcations ou radeaux, dont on se servira pour le sauvetage; mais des rochers, des bancs à fleur d'eau, etc., peuvent arrêter la bouée à une grande distance du rivage, et d'ailleurs ce moyen est très-lent. On a donc cherché d'autres ressources.

» Voici une idée qui a été soumise au Conseil de l'Amirauté en Angleterre, par un prisonnier français. Certes elle est très-originale, mais elle a valu à son auteur, sinon la liberté, du moins des douceurs et des égards pendant sa détention.

» Il conseilla l'emploi d'un cerf-volant, fait dans les grandes dimensions. Une poulie estropée à son centre de gravité devait servir de retour à une ligne de loch, estropant un petit plomb de sonde en dehors de la poulie. On devait lancer ce cerf-volant du bord, et filant une égale quantité de son fil conducteur et de la ligne de loch, le laisser parvenir jusqu'au-dessus de la plage. Alors filant tout d'un coup la ligne de loch, le plomb serait descendu à terre, et les hommes accourus pour porter des secours auraient pu, par le moyen de la ligne de loch, haler à terre un cordage d'une plus forte dimension pour établir un *va-et-vient* [1]. »

Sur chaque bâtiment, il devrait donc y avoir un petit aérostat cerf-volant en baudruche vernie. On le gon-

[1] Des officiers anglais ont employé ce moyen, à Alexandrie, pour monter sur la colonne de *Pompée*. Avec un cerf-volant ils firent passer une ligne légère par-dessus cette colonne, et se servirent de cette ligne pour y établir une échelle en corde.

flerait instantanément de gaz hydrogène, extrait de l'eau, en mélangeant dans une barrique, de la limaille de fer ou de zinc avec trois ou quatre parties d'eau sur une d'acide vitriolique.

La ligne de loch retournant dans l'anneau ou dans la poulie estropée au centre de gravité de l'aérostat-cerf-volant, pourra éguilleter un petit grappin qui remplacera le plomb de sonde.

Va-et-vient nautique et aéronautique.

En parlant des aérostats captifs, je suis naturellement conduit à décrire un genre particulier de va-et-vient, qui trouvera son application dans la manœuvre des appareillages et des attérages des grandes machines aériennes.

Je n'expliquerai que le va-et-vient nautique, le second s'effectuant avec des aérostats et le vent, de la même manière qu'avec des corps flottant sur l'eau.

Le bateau *B* (fig. 14) retenu par une corde *AB*, traversera la rivière par la seule action du courant. Lorsqu'il sera arrivé en *C*, la corde *DB*, qui n'était pas tendue, occupera la place de la ligne pointillée *DC*, et *AB* celle de *AC;* si maintenant on tire la corde *DC* jusqu'en *E*, le bateau retournera à son point de départ en suivant la courbe *EB*, etc.

Voici un autre va-et-vient très-simple qui peut s'établir aussi dans l'air et dans l'eau :

Le va-et-vient maritime se compose d'une corde *FG* (fig. 15), le long de laquelle le bateau *H* peut glisser au moyen de deux poulies qui le maintiennent incliné au courant de l'eau. La force du courant suivant *cH*, est composée de deux actions : l'une suivant *HI*, qui ne produit aucun effet, étant parallèle au côté du bateau; l'autre suivant *HK*, qui pousse le bateau dans cette même direction *HK;* mais la composante perpendiculaire *HK* se compose elle-même des efforts *HL* et *HM;* l'action *HL* étant supportée, annulée par la corde *FG*, il ne reste donc plus que l'impulsion *HM*, qui conduira le bateau sur la rive *G*, où on l'obliquera comme *N* pour le faire retourner à son point de départ *F*.

Quant au va-et-vient aérien, sorte de chemin aérostatique, il s'effectue avec le vent, comme le va-et-vient maritime s'effectue avec un courant d'eau. Il est formé d'une ou de deux lignes horizontales de fils de fer ou de coulisses, sur lesquelles on assujettit avec des poulies ou des roulettes un aérostat *allongé* ou un aérostat sphérique à *voile*. On comprend que cet appareil (sans pesanteur aucune, quelle que soit l'immensité de son poids) pourra être facilement dirigé par le vent, et plus avantageusement qu'un vaisseau, puisque la dérive sera impossible, le point d'appui étant solide.

— Pour transporter à une petite distance des objets légers et des lettres, on pourrait employer une fusée maintenue à un fil de fer par de petites poulies; le recul produit par l'inflammation de la poudre fera avancer la fusée sur un fil de fer horizontal, oblique, vertical ou courbé dans tous les sens.

CHAPITRE III.

FORME ALLONGÉE.

A capacité égale, un aérostat allongé horizontalement éprouvera beaucoup moins de résistance de la part de l'air et du vent qu'un aérostat sphérique, et facilitera sa direction horizontale (comme les oiseaux le prouvent) en montant et en descendant dans une inclinaison convenable. Cette assertion doit être expliquée :

Un corps qui se meut dans l'air ou dans tout autre fluide résistant éprouve dans son action une résistance proportionnelle aux surfaces. Si ce corps, par exemple, a 100 pieds de longueur et seulement 10 de largeur, il est évident que le côté de 100 pieds éprouvera 10 fois plus de résistance que celui de 10 pieds, et par suite que le corps aura 10 fois plus de vitesse et fera dans le même temps un trajet 10 fois plus long, s'il déplace l'air par son petit côté plutôt que par son grand.

Si ce corps (*FF* fig. 4) est incliné de manière que le côté de 100 pieds et celui de 10 pieds déplacent l'air en même temps, ce corps éprouvera à la fois deux résistances différentes en force et en direction, qui empêcheront par leur différence que son ascension et sa descente ne soient verticales. Elles seront obliques à la verticale, parce que le grand côté *FF* glissera sur l'air qu'il aura comprimé et qu'il n'aura pu déplacer entièrement dans le court instant employé par un des petits côtés *F* pour vaincre la faible résistance qui lui était opposée; car le mobile *FF'*, supposé pesant, tend à se mouvoir en vertu de sa pesanteur combinée avec la résistance de l'air, suivant les directions *AH* et *AR;* mais l'air résistant 10 fois plus sous la grande surface *FF'* que contre la petite surface *F'*, nécessairement le mouvement du mobile ne sera pas vertical, puisqu'il fera dans un temps donné 10 fois plus de chemin vers *H* que vers *R*.

La résistance de l'air produit encore une puissance de translation que je comparerai à celle qu'on obtient par l'action du vent sur les vaisseaux orientés au plus près; je la comparerai aussi à la force ascensionnelle du cerf-volant : elle n'en diffère qu'en ce que le vent frappe les voiles et le cerf-volant, et que le corps ou l'aérostat frappe et comprime l'air en montant et en descendant. Le mode d'action est contraire, mais le résultat est le même.

D'après ce qui précède, un plan incliné ou tout corps allongé plongé obliquement dans un fluide et livré à lui-même, ne peut ni monter ni descendre verticalement; il est obligé d'avancer horizontalement dans le sens de son inclinaison. Ceux qui en douteraient se convaincront par une expérience aussi simple que concluante, qui consiste à laisser tomber un objet léger. Ainsi, comme nous l'avons déjà vu, une feuille de papier en tombant, se dirigera toujours vers son inclinaison, et si elle arrive à terre sans perdre son obliquité, elle aura parcouru un espace horizontal proportionné à la hauteur du point de départ, à son inclinaison et au vent.

Pour que la réussite de cette expérience soit certaine et plus belle, on fixera à un des côtés de la feuille un morceau de fer (*FR* fig. 1), qui maintiendra l'inclinaison nécessaire.

Le morceau de fer pourra être plus léger si la feuille est coupée en triangle (fig. 2). La résistance de l'air étant alors plus grande d'un côté que de l'autre, la feuille s'inclinera naturellement, et, à égalité de surface, elle aura une plus grande vitesse.

L'avancement horizontal a lieu aussi dans l'eau, avec une feuille de métal.

Je ne m'occuperai que de la première expérience, celle de la feuille de métal étant soumise aux mêmes lois, en ayant égard cependant à la différence de densité des deux fluides, et à la presque incompressibilité de l'eau.

Le chemin que suit la feuille est une ligne parabolique.

L'espace parcouru horizontalement est ordinairement un peu plus grand que celui de la hauteur verticale du point de départ.

La résistance des fluides croît à peu près comme le carré de la vitesse des corps qui les traversent. Or, la vitesse de la chute s'accélérant au départ de plus en plus, la résistance augmente, et la feuille glisse alors plus horizontalement sur l'air ainsi comprimé.

J'ai dit que la puissance d'avancement, obtenue par des montées et des descentes successives d'un corps ou d'un aérostat allongé et incliné, était analogue à la puissance qui fait élever le cerf-volant, et à celle produite par des voiles brassées en pointes. Il est facile de le démontrer par la théorie du plan incliné, car les voiles et le cerf-volant sont des plans inclinés qui ne diffèrent du plan ordinaire, qu'en ce que la pesanteur agit verticalement sur ce dernier, et que le vent agit horizontalement sur les deux autres.

Pour mieux rendre ma pensée, je parlerai d'abord de la décomposition de la pesanteur sur un plan incliné.

Un corps pesant *A* (fig. 3), placé sur le plan *BC*, tend à tomber, en vertu de sa pesanteur, suivant la verticale *AD*, mais il en est empêché par le plan qui s'y oppose.

L'action de la pesanteur suivant *AD*, se compose des actions *AE* et *AF*; l'effort *AE*, étant perpendiculaire à *BC*, est supporté par le plan; et l'autre effort *AF*, se faisant dans la direction de *BC*, tend à faire glisser le corps le long du plan.

La puissance *AF*, avec laquelle le corps tend à tomber, est inférieure à celle de la pesanteur totale du corps suivant *AD*, parce que le côté *AF* du triangle rectangle *ADF*, est plus petit que l'hypothénuse *AD*.

Une partie de la pesanteur du corps étant soutenue par le plan, il est évident que ce corps ne peut tendre à descendre qu'avec une portion de sa pesanteur.

L'action suivant *AE*, est sans effet apparent sur un plan immobile; mais si le plan était appuyé sur un fluide, l'impulsion *AE* le pousserait de façon que *A* tendrait à venir occuper la place de *E*, qu'il occuperait réellement si le fluide n'avait aucune résistance.

Tel est l'effet des voiles et du cerf-volant.

Si le plan *BC* était sur l'eau, la puissance *AE* tendrait à le faire reculer dans la direction *AG*, et à le faire pénétrer plus avant dans le liquide, dans la direction *AH* : car $AG + AH = AE$. Cet appareil s'enfoncerait d'autant plus, que le plan *BC* serait moins incliné, puisque, s'il était horizontal, il supporterait la pesanteur absolue du corps, la pesanteur relative n'existant pas. Dans l'exemple proposé, il s'enfoncerait jusqu'à ce qu'il déplaçât un volume de liquide dont le poids égalerait la puissance AH, qui pèse perpendiculairement à la base IC.

(Le recul qu'éprouverait cet appareil, démontre la possibilité de diriger un vaisseau au moyen d'un courant d'eau établi sur un plan incliné de l'avant à l'arrière; la puissance qui résulterait de ce courant, serait secondée par l'impulsion que communiquerait au navire, la chute de l'eau en s'écoulant au dehors. — Conséquemment, un aérostat recevrait une impulsion horizontale, s'il portait un plan incliné sur lequel on ferait glisser des corps lourds, ou courir et sauter des personnes.)

Cela posé, on voit que l'effort AE doit nécessairement communiquer son mouvement à une feuille de papier, ou à un aérostat incliné. Effectivement, la résistance de l'air produit les mêmes résultats sur un plan incliné atmosphérique, que la pesanteur sur un plan incliné ordinaire.

Il est entendu que ce que nous allons dire relativement au mouvement de la feuille de papier, se rapporte aussi au mouvement d'un plan incliné quelconque, ou d'un aérostat allongé, qui comprime l'air sur lequel il s'appuie de bas en haut dans l'ascension, et de haut en bas dans la descente.

Les particules d'air comprimées par la feuille, doivent tendre, par leur élasticité, à reprendre la place qu'elles occupaient avant leur déplacement. Cette réaction, égale à la compression, ayant lieu sur un plan incliné, se décompose en deux actions :

Ainsi, le ressort de la particule A (fig. 4), tend à

pousser la feuille ou le plan *FF* vers *B*. Cette tendance, qui est la résistance absolue de la particule, ne pouvant s'effectuer, le mobile pesant *FF* s'y opposant, se modifie en deux actions : *AC* représente la résistance relative (qui est la direction que prendraient les particules d'air si la feuille ne pouvait avancer horizontalement), et *AD*, l'impulsion communiquée à la feuille. *AD* se commpose des efforts *AE, ED*; l'effort *ED* étant opposé en direction à l'action de la pesanteur exprimée par *AG*, retarde la descente de la quantité *PG;* c'est-à-dire que la feuille ne parcourra plus que l'espace *AP*, dans le même temps qu'elle emploierait à parcourir un plus grand espace *AG*, si l'air n'avait aucune résistance : car, $AG - ED = AP$.

Or, l'excédant *AP* de la pesanteur, et la poussée *AE* étant perpendiculaire l'un à l'autre, ne se nuisent ni ne s'aident. Le point *A* de la feuille (ou de l'aérostat) franchira en même temps les espaces *AE* et *AP*, et arrivera au point *H*, non pas par la diagonale *AH* qu'il ne pourra suivre, attendu que la proportion entre les puissances changera continuellement, mais bien par la courbe *AIH*, ce qui est conforme à l'expérience.

La proportion entre les puissances change, par rapport à l'accélération de la descente au départ (qui a pour cause la force accélératrice de la gravité); de son ralentissement ensuite, dû à l'augmentation de la résistance de l'air; et, enfin, par la vitesse acquise.

La faible résistance qu'éprouve l'épaisseur de la feuille, se divise pareillement en deux tendances : l'une verticale et opposée à la pesanteur, l'autre horizontale et opposée à la direction *AE*.

Si la direction du vent est la même que celle de la

feuille, elle le précédera, ira plus vite que lui de tout l'espace qu'elle parcourra par sa propre puissance. Si le vent est contraire, la feuille descendra verticalement si les puissances sont égales; et si elles ne le sont pas, elle aura en vitesse, dans la direction de la plus forte, l'excédant des deux puissances.

Les expériences suivantes prouvent que l'avancement horizontal produit par la résistance des fluides sur une surface inclinée, a lieu aussi en montant.

Si l'on élève vivement une grande feuille de carton tenue inclinée avec les deux mains, on éprouvera, du côté opposé à l'inclinaison, une impulsion horizontale.

Si l'on suspend un cerf-volant par sa corde, et qu'on le soulève ainsi avec vitesse, il fera presque autant de chemin horizontalement que verticalement. Pour que l'expérience soit plus concluante, on passera la corde dans une poulie ou un anneau, et on la tirera vivement par en bas; le cerf-volant décrira un arc de cercle dont la poulie sera le centre.

Une planche plombée à un de ses bouts et plongée dans l'eau le plus profondément possible, regagne la surface en suivant une ligne très-oblique.

— C'est par la différence des résistances de l'air, que des petits morceaux de papier jetés ensemble prennent diverses directions, suivant leurs positions et leurs formes, quoiqu'ils soient tous sous l'influence du même vent. —

La puissance de locomotion obtenue en comprimant les couches de l'atmosphère par des plans inclinés, sera considérable avec un vaste aérostat *allongé et uni*. On se fera une idée de la progression qu'elle suit lorsqu'on augmente la surface choquante par une série d'expériences, en commençant par des feuilles de papier, et en continuant avec des châssis recouverts de papier ou d'étoffe de 10, 20, 30, etc., mètres carrés. Toutes ces machines seraient lancées d'un endroit élevé, et l'on marquerait sur le sol le point d'arrivée de chacune.

Moyen indiqué par les oiseaux pour gouverner les aérostats (page 4).

Si la lame de fer *FR* (fig. 1) ne pèse pas plus vers *F* que vers *R*, la feuille conservera une direction unique, celle prise au départ. Si un côté pèse plus que l'autre (ce qu'on obtient en faisant glisser la lame dans la coulisse *C*), la feuille s'élancera d'abord en ligne droite, puis tournera du côté le plus lourd, et décrira une ligne spirale si elle tombe de haut. Elle tournera d'autant plus vite, qu'un des côtés sera plus lourd que l'autre; cependant il y a une limite au delà de laquelle la feuille se renverse et tombe verticalement.

Ce changement de direction a lieu aussi dans l'eau, en descendant et en montant. Ainsi, une feuille de métal, dont un des coins pèse plus que les autres, tourne dans l'eau comme la feuille de papier tourne dans l'air; et une petite planche, lestée inégalement et plongée dans l'eau, s'élève à la surface par un double mouvement : oblique et circulaire.

L'application de cette dernière découverte aux aérostats, sera d'une très-grande importance : il suffira, pour gouverner un navire aérien et le faire virer de bord, de déplacer son centre de gravité; on verra plus loin que cela ne demandera pas plus de travail que de gouverner un vaisseau.

L'expérience ci-après justifiera mon assertion :

Aux points *A*,*B* d'un châssis recouvert de papier (fig. 5), on suspendra deux poids inégaux; une mèche *M*, qui ne devra brûler que pendant quelques instants, mettra le feu à la ficelle qui soutient le plus gros poids. Si cet apareil est lancé, il tournera premièrement du côté le plus lourd; mais aussitôt que le gros poids tombera, il prendra une direction opposée.

OBSERVATIONS.

La puissance produite par la différence des résistances de l'air sur un aérostat allongé et incliné est d'autant plus précieuse, qu'elle ne nécessite aucun surcroît de poids; elle s'effectue d'elle-même; en augmentant et en diminuant la légèreté, de manière qu'en réservant toute la force ascensionnelle, elle ne nuit en rien à l'application de tout autre procédé.

Ce mode de direction serait sans importance, s'il fallait jeter du lest pour monter, et perdre du gaz pour descendre. Les vers suivants indiquent un moyen de remplacer le lest :

» Montgolfier nous apprit à créer un nuage;
» Son génie étonnant, aussi hardi que sage,
» Sous un immense voile enfermant la vapeur,
» *Par la capacité détruit la pesanteur.*
» Notre audace bientôt en saura faire usage :
» Nous soumettrons de l'air le mobile élément;
» Et des champs azurés le dangereux voyage
» Ne nous paraîtra plus qu'un simple amusement. »

La capacité détruisant la pesanteur et faisant élever l'aérostat, il est certain qu'il descendra en diminuant sa capacité. Mais, n'a-t-on pas une inépuisable provision de lest dans l'air lui-même? Pour descendre, on le comprimera dans une partie de la machine; et pour remonter, on en laissera s'échapper une quantité proportionnée à la hauteur qu'on désirera atteindre. Le lest d'air est, sans contredit, préférable à tout autre; c'est le seul qui permette un longue navigation.

Je présenterai, dans la IIe Partie, d'autres moyens de monter et descendre à volonté.

IIe PARTIE.

PREMIÈRE SECTION.

PROJET D'UNE LOCOMOTIVE AÉRIENNE.

DESCRIPTION GÉNÉRALE.

— La vérité et non l'autorité.
— De bien en mieux.

GUY DE LA BROSSE.

I.

Après avoir exposé quelques principes, nous devons imaginer un appareil propre aux plus longs voyages; nous résumerons ensuite les moyens de locomotion, sous le titre général de *Manœuvre*.

Les difficultés diminuant avec la grandeur, notre locomotive-aérienne doit avoir de grandes dimensions. Une immense machine en tôle, par exemple, durerait très-longtemps; ne perdant pas de gaz, elle conserverait sa force ascensionnelle, les variations atmosphériques ne feraient pas changer son volume, et, enfin, l'océan ne serait plus pour elle qu'un détroit. S'il ne nous est pas permis de réaliser un projet si grandiose, il ne faut pas non plus nous laisser trop dominer par une économie exagérée, la réussite n'étant possible qu'en donnant à l'appareil un volume considérable[1].

La forme de notre locomotive est à peu près celle d un cylindre terminé par des cônes (pl. 1). Cette forme, offrant beaucoup plus de surface dans sa longueur qu'aux extrémités, résistera très-peu au vent et procurera *la différence si utile des résistances de l'air.*

La locomotive aura plus de vitesse ayant ses deux extrémités terminées en pointes, que si elle n'en avait qu'une, attendu que la résistance verticale de l'air com-

[1] Un aérostat inflexible serait rempli de gaz sans mélange d'air atmosphérique, de la manière suivante :

L'aérostat aurait une doublure intérieure en étoffe imperméable, dont l'ouverture serait réunie à celle de l'aérostat, afin de n'avoir qu'une seule ouverture pour les deux appareils. A mesure qu'on remplira de *vent* cette doublure, elle chassera l'air par un robinet, de façon qu'étant entièrement gonflée, elle s'appliquera exactement contre les parois intérieures de l'aérostat, qu'elle occupera entièrement On introduira alors le gaz par le robinet entre ces parois et la doublure, qui s'applatira peu à peu par la pression du gaz introduit, par son poids et en la tirant jusqu'à ce qu'elle soit en dehors de l'aérostat, qui sera ainsi rempli de gaz; puis on se débarrassera de la doublure, maintenant inutile, en la liant près de l'ouverture, qu'on recouvrira par un fermoir de métal à écrous.

Au lieu d'introduire du vent dans la doublure, on pourra la gonfler immédiatement de gaz, et la faire ressortir ensuite en ouvrant sa soupape et en la tirant en même temps par en bas; ou autrement on la laissera dans l'aérostat, si son poids n'est pas trop grand.

On transvasera de cette manière le gaz d'un aérostat ordinaire dans un gazomètre, en comprimant le gaz entre le sol et la partie supérieure du ballon qu'on désire vider, en tirant tout autour par le filet, ou en suspendant des sacs de sable aux mailles du filet.

Pour ne pas fatiguer inutilement un aérostat inflexible, on le fera communiquer par un tuyau à un petit ballon *flexible et vide* placé au-dessous; par cet arrangement, si la pression du gaz est supérieure à celle de l'atmosphère, le gaz descendra dans le ballon flexible, et aussitôt que la pression extérieure deviendra plus forte que celle du gaz, le ballon se dégonflera, son gaz se transvasera, montera de lui-même dans le grand appareil : car les fluides élastiques tendent toujours à se mettre en équilibre de densité.

muniquera, en montant et en descendant, une impulsion perpendiculaire aux surfaces des cônes, et que, par suite, le cône qui servira de proue tendra à faire reculer; mais sa tendance rétrograde sera détruite par celle opposée du cône de la poupe, qui tendra à faire avancer. Les deux cônes permettront de se diriger également en avant et en arrière.

A égalité de puissance, un appareil cylindrique aura plus de vitesse qu'une flottille d'aérostats sphériques, maintenus les uns derrière les autres; car il éprouvera moins de résistance de la part de l'air et du vent.

En effet, le premier ballon d'une flottille ne garantira pas entièrement les autres; chaque ballon aura à vaincre la résistance de l'air ambiant, qui sera considérable par rapport aux grands espaces vides, inévitables avec la forme sphérique. L'air résistera entre chaque ballon; tout comme l'eau résisterait sur chaque navire, si au lieu d'avoir de grands vaisseaux on en réunissait plusieurs petits : la somme des résistances qu'auraient à surmonter les proues de ces divers navires, serait infiniment plus forte que la résistance qu'éprouverait la proue d'un seul grand vaisseau, d'une longueur égale à celle de tous les navires réunis, parce qu'un navire, comme un aérostat cylindrique, n'éprouve de la résistance que par sa largeur et non par sa longueur, qui ne produit que la faible résistance du frottement du fluide.

D'ailleurs, le simple bon sens indique que pour qu'un fluide résiste le moins possible, il faut des surfaces unies qui puissent glisser sur ce fluide; la partie immergée des vaisseaux, les oiseaux et les poissons dont les plumes et les écailles sont rangées de l'avant à l'arrière, nous le démontrent suffisamment. Or, une flottille de ballons ne présentera pas à l'air des surfaces unies, étant dans le même cas qu'un vaisseau qui serait formé de plusieurs hémisphères; on comprend aisément que la résistance de l'eau entre chaque hémisphère diminuerait considérablement la vitesse. Ce qui serait nuisible à la navigation nautique, le serait assurément à la navigation aéronautique. Donc, une flottille d'aérostats sphériques ne pourrait avoir autant de vitesse qu'un grand aérostat cylindrique, et par conséquent elle aurait moins de puissance à opposer au vent.

Nous avons vu qu'en inclinant un aérostat allongé on obtient une puissance horizontale en montant et en descendant. D'après cela, les parties supérieures et inférieures de notre locomotive, qui représentent deux vastes plans inclinés, produiront l'avancement horizontal en s'appuyant successivement sur l'air dans l'ascension et dans la descente. Si la résistance de l'air sur toute la superficie d'un appareil cylindrique est constamment et naturellement utilisée à la direction, il n'en sera pas de même avec une flottille, car malgré son inclinaison elle tendra toujours à monter ou à descendre verticalement, *l'air résistant également* sur tous les points de la surface de chaque aérostat *sphérique;* en sorte que sans le secours de voiles horizontales, une flottille ne pourrait pas naviguer par des plans inclinés atmosphériques; mais ces voiles auront elles-mêmes fort peu d'effet, ne pouvant avoir des dimensions suffisantes, les aérostats occupant à eux seuls presque toute l'étendue de l'appareil; du reste, quelle que soit la grandeur de la voilure, une flottille aura toujours moins de puissance et de vitesse qu'un aérostat cylindrique, ce dernier appareil ayant aussi des voiles supplémentaires, et ayant en outre une voilure immense, la plus simple et la plus avantageuse possible, composée, je le répète, de la totalité de son enveloppe.

Si une flottille est dans la direction du vent, le premier ballon garantira tous les autres; la proue d'un aérostat cylindrique garantira pareillement toute la longueur de l'appareil. Mais si le vent fait avec la route un angle quelconque, ou si la flottille est inclinée comme elle le serait ordinairement, alors le vent agira à la fois sur tous les ballons, et avec d'autant plus de force, qu'il frappera contre des surfaces qui seront en grande partie perpendiculaires à son choc, ou très-peu inclinées; aussi, les ballons éprouveraient de violentes secousses, et des aplatissemens qui les fatigueraient beaucoup et nuiraient à l'équilibre. Un aérostat cylindrique, dans les mêmes circonstances, ne présentera au vent que des surfaces très-obliques, sur lesquelles il glissera facilement. Supposons, par exemple, une flottille inclinée de l'avant à l'arrière dans la direction du vent; nécessairement le vent produira une grande résistance sur les hémisphères inférieurs des ballons, tandis qu'il résistera très-peu en glissant sous un appareil cylindrique (pl. *I*) avec lequel il formera un angle très-aigu.

En résumé, un appareil cylindrique est préférable à une flottille d'aérostats sphériques, — quoique d'une apparence moins gracieuse peut-être, — parce qu'il aura moins de résistance à vaincre, plus de puissance en naviguant par des plans inclinés atmosphériques, et conséquemment une marche supérieure.

Telles sont les raisons qui m'ont déterminé à adopter la forme cylindrique.

L'intérieur de la locomotive sera divisé en cinq sections, par quatre cloisons verticales de même étoffe que l'enveloppe. Ces sections feront l'effet de cinq aérostats, sans en avoir les inconvénients. Par cette précaution, si la locomotive éclate, ne pouvant perdre que le gaz contenu dans une section, elle conservera toujours assez de légèreté pour que la descente s'effectue avec une extrême lenteur. Je dois prévoir les accidents; mais avec une forte enveloppe, avec des soupapes de sûreté s'ouvrant d'elles-mêmes par la dilatation du gaz, et surtout avec de la prudence, il est presque impossible que la locomotive éclate. D'ailleurs, il est facile de diminuer encore les chances de danger, en plaçant dans chaque section un aérostat sphérique d'un diamètre égal à celui du cylindre. Les cinq aérostats intérieurs seront cousus, dans l'enveloppe extérieure, par leurs circonférences verticales; des sangles ou des rubans empêcheront que les déchirures ne s'étendent d'un ballon à l'enveloppe extérieure, ou de celle-ci à un ballon; en sorte que si un, ou même tous les ballons viennent à éclater, le gaz restant toujours dans l'enveloppe cylindrique, l'appareil n'éprouvera, en apparence, aucun changement, pas même dans sa situation. Si, au contraire, l'enveloppe du cylindre éclate, les déchirures s'arrêtant aux rubans qui la renforcent, on ne perdra que la petite quantité de gaz contenu dans la moitié d'une section, dont la capacité se trouvera presque entièrement occupée par un des ballons; de manière qu'on n'aura pas besoin de relâcher, ni de jeter du lest, les manœuvres balançant, et au-delà, la perte minime de gaz, qu'on remplacera aussitôt qu'on aura réparé l'avarie.

Les cloisons verticales seront inutiles si les cinq aérostats sont bien cousus au cylindre; sans quoi, on serait exposé à perdre le gaz que contiendrait l'enveloppe extérieure.

On diminuerait encore les chances de rupture et la déperdition continuelle du gaz, avec un appareil composé de ballons d'étoffe recouverts d'un cylindre de cuir bien tanné et verni des deux côtés. On sait que le cuir est plus fort et plus imperméable que le meilleur des tissus; l'augmentation de poids que cette enveloppe occasionnerait serait balancée par une légère augmentation de la longueur de la locomotive.

Les ballons ne se fatigueront pas, étant garantis par l'enveloppe extérieure dans laquelle ils nageront en quelque sorte. Les ballons et les sections (espaces entre les ballons) seront gonflés à la fois, en ayant soin de ne pas trop remplir les sections, dans la crainte que la pression du gaz environnant les ballons ne nuise à leur développement. Pour que le gaz se mette de lui-même en équilibre de densité dans toutes les parties de la locomotive, les aérostats communiqueront ensemble par des tuyaux flexibles; d'autres tuyaux feront aussi communiquer les sections, mais seulement entre elles; en liant ces tuyaux, on interceptera le passage du gaz; par cet arrangement, les pressions s'égaliseront, soit au gonflement de l'appareil, ou lorsque le soleil n'échauffera pas à la fois toute sa surface.

La partie supérieure de la locomotive sera recouverte d'un filet qui soutiendra une charpente légère (fig. 19, et *FmG* fig. 18) à laquelle seront suspendues deux galeries, dont l'une (fig. 20) servira spécialement à la manœuvre, et l'autre (fig. 17) sera destinée aux passagers; en sorte que la manœuvre sera plus régulière, n'étant pas gênée par un trop grand nombre de personnes.

Les pièces de bois et les cordes intérieures traverseront l'enveloppe et l'appareil dans des colliers et des boyaux.

Les mâts M, *m, M* (fig. 17 à 20) reposeront sur la galerie inférieure et seront étayés en tous sens; ils consolideront l'appareil et soutiendront les pièces de bois transversales; leur partie supérieure passera dans un boyau pour que le gonflement et le dégonflement puissent s'opérer aisément; il sera même utile de remplacer ce boyau à chaque mât, par un tube en cuir cerclé, et cousu par ses deux extrémités à l'enveloppe extérieure; les trois tubes auront assez de largeur pour qu'on puisse y monter intérieurement, avec des échelles en cordes ou en se faisant hisser le long des mâts. Un siége à pivot, fixé sur la hune *A* (fig. 18), facilitera certaines observations astronomiques qui ne pourraient se faire sur les galeries, l'enveloppe cachant une partie du ciel.

Les planchers des galeries seront faits de lattes de bois posées sur champ, un peu séparées, et recouverts de toiles peintes. Les rampes ou gardes-corps seront tenues par les cordes qui soutiendront les galeries; l'espace entre les rampes et les planchers sera fermé par des filets à mailles et par des filières horizontales; des rateliers garnis de clans et de cabillots seront amarrés aux rampes pour l'usage des manœuvres-courantes

La galerie des passagers aura une charpente intérieure et quatre chambres (*C* fig. 17) en toile peinte cousue à des ralingues tenant aux deux galeries.

II. — Lest-volant.

Les puissances et les résistances étant équilibrées, la locomotive se maintiendra horizontalement, et elle s'inclinera aussitôt que l'équilibre sera rompu. Pour que l'inclinaison ne puisse jamais être dangereuse, par suite de fausse manœuvre ou d'avarie, on rappellera la locomotive à l'horizontale ou à l'inclinaison voulue, en suspendant au-dessous une grande et forte chaloupe à fond plat et pontée, au moyen de laquelle on déplacera le centre de gravité en virant sur ses câbles, pour faire porter son poids du côté où l'on désirera incliner.

La chaloupe sera suspendue ordinairement à 30 mètres au-dessous de la galerie inférieure, par 20 câbles avec lesquels on pourra la hisser à la hauteur de la galerie, ou la descendre à 70 mètres au-dessous.

Pour qu'à l'arrivée la chaloupe ne puisse heurter trop fortement le sol, on l'entourera de ressorts, ou mieux de tampons en caoutchouc rendu élastique à toutes les températures de l'air.

La chaloupe contiendra une partie des provisions, les grappins et généralement les objets les plus lourds; des compartiments à air la rendront insubmersible. Je l'appellerai *lest-volant*, son principal emploi étant analogue à celui du lest-volant des navires (*LV* fig. 18).

III. — Résisteurs.

Les *résisteurs* sont des voiles horizontales (fig. 22) qui augmenteront considérablement la résistance verticale de l'air, sur lequel elles s'appuieront dans l'ascension et dans la descente.

Il y aura douze résisteurs, six de chaque côté. Les six résisteurs inférieurs occupent toute la longueur de la galerie de l'équipage (pl. 1), et les résisteurs supérieurs sont au-dessus de la charpente supérieure. Ces derniers auront plus d'effet que les autres, parce que la masse d'air déplacée et déjà comprimée par la locomotive en montant et en descendant, viendra s'engager, se comprimer encore davantage dans leurs concavités, en glissant sur l'enveloppe de l'appareil.

Les résisteurs supérieurs (*RD* et *rB*, fig. 18), seront amarrés au filet et tenus ouverts par des cordes; les cordes de dessus *RS*, partant du filet, serviront dans l'ascension; celles de dessous *RT*, amarrées à la charpente supérieure, serviront dans la descente.

Les résisteurs inférieurs (*O* et *P*), seront fixés à la galerie de l'équipage; leurs amures inférieures s'amarreront à la galerie inférieure, et les amures supérieures à la galerie de l'équipage elle-même, en retournant au-dessus dans des poulies liées aux grelins qui supporteront les galeries.

Les *manœuvres* des résisteurs passeront dans des clans à poulies et s'amarreront sur des cabillots.

La figure 22 donne une idée d'un résisteur dans la descente; les voûtes seront tournées à l'opposé dans l'ascension (comme si l'on renversait le dessin le bas en haut, ou comme *rB* fig. 18). On mettra dans des coulisses, des joncs qui auront en longueur la largeur *ABC* du résisteur (fig. 22).

Les résisteurs se manœuvreront avec une extrême facilité, presque tout seuls. Si en descendant on file les cordes qui les retiennent par en bas (*RT* fig. 18 et 22), la résistance de l'air les soulèvera et les fera appliquer contre l'aérostat; si, en s'élevant, on file au contraire les amures supérieures *SR*, ils retomberont verticalement en draperies comme sur le devant de la locomotive (pl. 1 à droite). Dans ces deux cas ils ne produiront aucune résistance.

On augmentera la largeur des résisteurs, si, contre toute probabilité, la résistance immense de l'air, dans cette voilure (composée de 16,200 pieds carrés), n'était pas assez grande, jointe à celle des autres voiles que nous décrirons plus loin, aux surfaces horizontales des galeries, etc. Au besoin, en place des résisteurs inférieurs, on en établira de plus vastes entre la galerie de l'équipage et la charpente supérieure. Ces résisteurs seront supportés par les cordes qui soutiendront les galeries; ils pourront avoir 40,000 pieds de surface, et, malgré leur grandeur, ils se manœuvreront également avec une extrême facilité, sans aucune machine.

IV. — Des hélices.

Les hélices sont préférables aux rames creuses ou planes, aux ailes à éventails ou à soupapes, aux roues à ailes mobiles, etc., parce que leur action est continuelle, tandis que les autres machines n'agissent que pendant la moitié du temps, et demandent un moteur plus puissant.

L'idée d'appliquer les hélices à la navigation aérienne n'est pas nouvelle; elle est presque aussi ancienne que la découverte des aérostats, car elle date des premières expériences aérostatiques, en 1783.

Les propulseurs héliçoïdes de la locomotive seront composés d'aubes en spirales, de parties de spirale ou de toute autre forme plus avantageuse; ils seront en toile peinte cousue sur des tringles, etc. [1].

Pour que l'effet des hélices soit le plus avantageux possible, elles seront au centre de résistance de la locomotive [2], qui sera un peu au-dessous de sa ligne centrale (*Hh*, fig. 18); elles seront séparées les unes des autres, pour qu'elles ne se nuisent pas mutuellement, et elles pourront fonctionner séparément.

Si les seize hélices soutenues par la charpente supérieure étaient insuffisantes, on en aurait d'autres sur les galeries.

V. — Des cônes.

1° Tout le monde sait qu'un parapluie incliné au vent a une tendance ascensionnelle;

2° Si l'on renverse le parapluie la pointe en bas, et qu'on l'incline pour que le vent y pénètre, une impulsion descensionnelle se produira à l'instant;

3° En tenant la canne du parapluie horizontalement,

[1] Aurait-on un puissant ventilateur, en faisant tourner une hélice en forme de vis sans fin dans un cylindre ouvert d'un côté et terminé de l'autre par un cône tronqué?

[2] Le tort de la plupart des aéronautes est de réunir tous leurs moyens d'action à la partie inférieure de l'aérostat, ce qui est aussi défavorable que si l'on plaçait une hélice à 20 ou 30 mètres au-dessous d'un bateau à vapeur.

il s'éloignera de la ligne du vent proportionnellement à l'angle qu'il formera avec sa direction [1].

Une voilure quelconque fera le même effet que le parapluie, car cet effet est celui du cerf-volant; cependant la forme concave produit plus de puissance qu'une surface plane, parce que les particules d'air ne peuvent s'écouler par les côtés comme avec une simple voile, et, par conséquent, ces particules s'accumulent, se compriment, et réagissent d'autant plus fortement contre les parois qui s'opposent à leur passage. C'est pourquoi les *cônes* (fig. 23) auront plus de puissance que les voiles ordinaires, et cette puissance sera beaucoup plus verticale, attendu qu'une très-petite inclinaison leur suffira.

Il est probable que je n'aurais pas pensé à utiliser les propriétés du parapluie, si je n'avais vu un enfant s'amusant à faire *élever* un petit parachute. L'idée me parut bonne, et j'en fis l'application à notre locomotive au moyen de cônes en toile vernie cousue sur des cercles.

[1] Les propriétés du parapluie seront très-utiles pour la manœuvre de notre appareil; elles pourront servir, en outre, à accélérer la marche d'un aérostat sur un chemin de fer aérostatique horizontal ou incliné.

Voici les expériences que j'ai faites avec un vent d'une vitesse moyenne.

Un parapluie assujetti par de petites poulies à trois fils de fer tendus verticalement, s'est élevé, en l'inclinant un peu au vent, jusqu'à la partie supérieure des fils de fer.

Le parapluie a gravi aussi les fils de fer inclinés :

1° Dans la direction du vent;

2° Contre le vent;

3° Perpendiculairement au lit du vent.

J'ai répété ces expériences en plaçant le parapluie la pointe en bas pour le faire descendre; une romaine à cadran m'indiquait la force de descension produite par le vent, déduction faite du poids du parapluie.

Le sommet *D* (fig. 23) sera tenu élevé par la drisse *DPd;* on le retournera par en bas en filant la drisse et en abraquant le hale-bas *DH*. Les balancines *Bb* feront incliner les cônes en avant et en arrière. On inclinera sur le côté les cônes des galeries, en remontant ou en descendant une des deux cordes *PC* qui les soutiendront; ceux des mâts et de la chaloupe auront d'autres balancines par côté. On orientera les cônes qui seront aux sommets des mâts depuis la galerie de l'équipage, en faisant passer leurs manœuvres-courantes dans les tubes cerclés qui entoureront les mâts.

Les cônes serviront à faire monter et descendre, à la translation horizontale, à produire l'inclinaison, à gouverner, à louvoyer, et, enfin, à augmenter la résistance verticale de l'air. Il est extrêmement important pour l'aérostation d'obtenir des manœuvres différentes avec une seule et simple machine; je ferai remarquer, à cet égard, que presque toutes celles que je propose possèdent cet avantage.

Je ne considérerai plus les cônes, dans cet article, qu'agissant par la résistance de l'air, indépendamment du vent. Pour toute explication j'indiquerai deux expériences :

« De l'expérience la connaissance. »

1° Si on laisse tomber un parapluie ouvert et *incliné,* il suivra une route oblique, abstraction faite de l'action du vent;

2° Par le même principe, en soulevant avec vitesse un parapluie *renversé* et *incliné,* on obtiendra une poussée horizontale très-prononcée.

Ces expériences démontrent la possibilité de diriger

un ballon dans un temps calme, par la seule action de la résistance de l'air dans un parachute *incliné* dans la descente — et *renversé* et *incliné* dans l'ascension [1].

D'après cela, on voit qu'en montant et en descendant, la résistance de l'air dans les cônes *convenablement inclinés* produira continuellement la translation horizontale.

La locomotive aura au moins seize cônes : trois à chaque extrémité des galeries, deux sur la chaloupe, et deux autres aux sommets des deux mâts de côté.

VI. — Conservation du gaz.

Nous avons dit qu'un aérostat ne devait être gonflé qu'aux trois-quarts, par rapport à la dilatation du gaz, qui augmente à mesure que la pression atmosphérique diminue, ou que le soleil échauffe l'enveloppe. Malgré cette précaution, il pourrait arriver que l'expansion fut assez considérable pour que le gaz occupât toute la capacité de l'appareil; il serait même possible qu'une partie du gaz vînt à s'échapper en soulevant les soupapes de sûreté, ce qui serait fort désagréable, puisqu'en changeant après de température, le gaz se condenserait

[1] Cette direction n'a aucune analogie avec le système à parachute renversé de M. Henin. Voici ce qu'il dit, tome XXIII des *Annales des arts et manufactures* :

« ...... Dans le mouvement ascensionnel, le parachute retarderait la marche horizontale, et par ce retard les *voiles* se gonfleront. »

En admettant la possibilité de ce moyen, dont l'inventeur doutait lui-même, l'appareil, n'agissant que dans l'ascension, serait emporté par le vent dans la descente : car, évidemment, les rames, second moyen de M. Henin, ne pourraient surmonter la résistance éprouvée par son aérostat *sphérique* à voiles et à parachute.

et ne soutiendrait plus suffisamment la locomotive, qui descendrait rapidement. On évitera ce contre-temps, en plaçant un petit ballon vide au-dessous et au milieu de chaque section, avec laquelle il communiquera par un tuyau flexible. Par cette combinaison, lorsque la pression du gaz sera supérieure à celle de l'atmosphère, le gaz surabondant passera dans les cinq petits ballons, et lorsqu'il se condensera, il se transvasera de lui-même dans la grande enveloppe, laissant les ballons complètement vides, aplatis par la pression de l'air.

En outre, on aura deux gazomètres de métal de forme cylindrique, dans lesquels on transvasera le gaz qui sera de trop dans la locomotive, en le condensant fortement au besoin, aussitôt que les petits ballons en se gonflant en indiqueront la nécessité. En ouvrant ensuite des robinets, le gaz comprimé des gazomètres se transvasera de lui-même, jusqu'à ce qu'il soit en équilibre de densité avec celui contenu dans l'enveloppe de la locomotive.

On fera le vide de l'air contenu dans les gazomètres avec une doublure flexible, comme il a été expliqué page 28. Il y aurait encore d'autres moyens préférables aux pompes; par exemple, on remplirait d'eau un gazomètre, et l'on ferait ensuite sortir cette eau par un robinet, en la chassant par un courant de gaz qui finirait par occuper toute la capacité du gazomètre, sans aucun mélange d'air atmosphérique.

Si l'enveloppe de la locomotive était de couleur blanche, le soleil l'échaufferait moins vite qu'avec toute autre couleur, et, par suite, le gaz se dilaterait moins promptement.

En naviguant aussi près de la terre que la prudence

et les manœuvres le permettront, on évitera une grande dilatation du gaz, et l'on n'éprouvera pas les incommodités qui résultent de la rareté de l'air dans les hautes régions, et, en outre, les traversées seront plus promptes, parce que moins la locomotive sera élevée, moins l'arc de cercle à parcourir sera grand.

SECONDE SECTION.

MANŒUVRE.

CHAPITRE Ier.

LOCOMOTION HORIZONTALE.

I. — Différence des résistances de l'air.

Nous avons démontré que tout corps allongé, plongé obliquement dans un fluide et livré à lui-même, ne peut ni monter ni descendre verticalement; en d'autres termes, qu'un plan incliné ne peut se mouvoir verticalement dans un fluide résistant, étant obligé d'avancer horizontalement dans le sens de son inclinaison. Or, la locomotive offrant à la résistance de l'air quarante fois plus de surface horizontalement que verticalement (12,000 mètres carrés sur 300), il est clair qu'en l'inclinant, elle éprouvera de la part de l'air deux résistances, dont l'inégalité s'opposera à ce qu'elle se meuve verticalement. En effet, si un corps est sollicité par deux forces opposées, nécessairement ce corps prendra la direction de la force supérieure; et comme il est indifférent que le corps soit sous l'influence de deux forces actives ou de deux forces passives de résistance, notre locomotive sera donc obligée de s'élever et de descendre obliquement, parce que l'air résistera plus d'un côté que de l'autre, et par conséquent elle avancera horizontalement du côté (la proue) qui éprouvera le moins de résistance.

Il est essentiel de remarquer que l'inclinaison qu'aura la locomotive en descendant, devra être opposée à l'inclinaison quelle aura en montant, autrement elle se dirigerait tantôt en avant et tantôt en arrière; en sorte qu'en changeant à propos d'inclinaison, la locomotive avancera horizontalement en louvoyant verticalement, c'est-à-dire en parcourant une suite de plans inclinés, ou plutôt de lignes paraboliques (*AB*, *BC*, *CD*, fig. 12), d'autant plus horizontales dans la direction de la route, que le vent offrira moins de résitance.

Le temps nécessaire pour changer l'inclinaison de la locomotive, et lui imprimer un mouvement vertical, ne sera pas perdu pour la direction, l'appareil continuant d'avancer par sa force d'impulsion, et par les autres moyens qui agiront constamment.

Ce moyen de translation étant dû à ce que la locomotive éprouvera de la part de l'air plus de résistance verticalement qu'horizontalement, on augmentera donc sa puissance en augmentant la résistance verticale et en diminuant la résistance horizontale; c'est pourquoi notre appareil (pl. I) ne présente, par ses extrémités, que très-peu de surfaces, et encore sont-elles terminées en pointes, afin d'offrir le moins de prise possible à l'*air* et au vent, tandis qu'au contraire, la locomotive présentera naturellement de vastes surfaces horizontales, d'abord par sa forme allongée, ensuite par l'addition des voiles horizontales, qui augmenteront considérablement la résistance verticale de l'air, sans augmenter sensiblement la résistance horizontale.

D'après le calcul et des expériences, j'ai tout lieu de croire et de dire : que la résistance verticale de l'air comprimé sera tellement grande, que la locomotive glissera sur les plans inclinés atmosphériques, presque comme sur des plans inclinés solides; car l'air fera l'effet d'un point d'appui solide, lorsqu'il sera choqué, en montant et en descendant, par l'immense surface horizontale de notre appareil, qui n'aura pas moins de 108,000 pieds carrés.

II. — Résisteurs

Dans l'ascension et dans la descente, les 40,000 pieds carrés de voilures horizontales (fig. 22) aideront à la locomotion, en décomposant la résistance de l'air dans leurs surfaces concaves tenues inclinées.

III. — Cônes.

Les cônes aideront continuellement à la locomotion, soit par le vent, ou par la résistance de l'air.

Il serait trop long de détailler ici toutes les manœuvres dont ce genre de voilure sera susceptible; j'indiquerai seulement les effets que les cônes produiront étant orientés comme sur le dessin (pl. I) qui représente la locomotive s'élevant et se dirigeant vers la droite. Les cônes de l'arrière (côté gauche) ayant leurs sommets tournés par en bas et étant un peu inclinés, communiquent à l'appareil une poussée horizontale continue dans le sens de la route, et contribuent en outre à maintenir la locomotive inclinée, en comprimant, dans leurs surfaces concaves, une masse d'air, dont la résistance empêche que la poupe n'atteigne à la même hauteur que la proue (côté droit), qui éprouve bien moins de résistance à s'élever que l'autre extrémité, attendu que les cônes de cette partie ne présentent que leurs pointes à la résistance de l'air. Enfin, les cônes de la proue reçoivent une impulsion ascensionnelle par le vent qui souffle de droite à gauche.

Pour comprendre ce paragraphe, il faut se rappeler ce qui a été dit page 38, relativement aux propriétés des voiles côniques.

IV. — Déplacement du centre d'équilibre.

La locomotive avancera horizontalement en l'inclinant et en la rappelant à l'horizontale.

La figure 10 explique ce mouvement.

Supposons que l'horizontale *AB* soit la galerie de la locomotive déjà élevée dans l'air, ou un bâton plongé dans l'eau; le centre d'équilibre *C* sera nécessairement au milieu de cette ligne. En transportant le poids *C* à l'extrémité *B*, le centre d'équilibre n'étant plus au centre de surface, la ligne *AB* s'inclinera proportionnellement à ce poids, par exemple comme *ab*, parce que la pesanteur du poids *B* agira suivant la verticale *Bb*. Si, maintenant, on replace le poids *b* au centre de surface *c*, la ligne *ab* reprendra la position horizontale, en décrivant les arcs de cercle *bD*, *aE*; en sorte que la ligne *AB* aura parcouru l'espace *BD*.

Au lieu de remettre le poids *b* au centre *c*, il est plus avantageux de le transporter tout d'un coup de *b* à l'autre extrémité *a*; la partie *a* descendra alors au point *F*, et *b* arrivera au point *G* — pourvu qu'on reporte au centre le poids *a*, aussitôt que la ligne *ab* sera horizontale, afin d'éviter une inclinaison contraire à l'inclinaison *ab*, qui ferait revenir au point de départ *A*. Ainsi, par cette manœuvre, la galerie *AB* occupera la place indiquée par *FG*, ayant franchi l'espace horizontal *BG*. Il s'en suit de là, qu'on faciliterait dans certaines circonstances la direction d'un aérostat, en continuant de lui imprimer ce mouvement de bascule.

On déplacera promptement le centre d'équilibre de la locomotive, en filant et en virant sur les câbles de la chaloupe, pour faire porter son poids tantôt d'un côté et tantôt de l'autre.

Ce moyen sera spécialement utile dans les attérages.

V. — Ventilateurs à air comprimé.

On aura cinq cylindres métalliques dans lesquels on comprimera de l'air, qui pourra sortir avec force par des robinets placés de manière à produire, à volonté, des courants d'air horizontaux ou verticaux, qui feront avancer, monter ou descendre, en s'appuyant sur l'air extérieur.

Quatre des cylindres seront portés par la galerie inférieure, et le cinquième par la chaloupe. Ils auront des sifflets avec lesquels on commandera les principales manœuvres, comme à bord des vaisseaux de l'État;

l'étendue de la locomotive s'opposerait à ce qu'on puisse commander avec la parole, surtout dans un grain ou dans une tempête, où le vent et le bruit que ferait la pluie en tombant sur l'enveloppe, empêcheraient qu'on n'entendît la voix.

Ce genre de télégraphe acoustique sera fort utile dans les hautes régions de l'atmosphère, où le *son* s'entend moins loin que près de la terre; car le *son* augmente comme le carré de la densité de l'air par lequel il se propage, et *diminue* contrairement à mesure qu'on s'élève dans une couche d'air plus rare.

Les sifflets à air comprimé siffleront à volonté plus ou moins fort; se faisant entendre de très-loin, ils avertiront les habitants des contrées de la présence de la locomotive.

Les cylindres serviront encore à divers usages importants, comme on le verra dans plusieurs autres chapitres.

VI. — Hélices.

Les hélices sont trop connues pour qu'il soit nécessaire d'expliquer comment elles aideront à la propulsion. Si les seize hélices, huit de chaque côté, ne suffisent pas, la forme de la locomotive permet de les multiplier jusqu'à 30,000 pieds carrés, qui se visseront dans l'air sans interruption.

La locomotive portant un nombreux équipage, les hélices pourraient être mues par la force humaine; toutefois, nous emploierons d'autres moteurs plus avantageux, dont le poids sera balancé par celui des personnes qu'ils remplaceront.

Mais quels seront ces moteurs?

Malgré la possibilité de construire des machines à vapeur d'une légèreté extrême, on ne doit pas songer à en faire usage, à cause du poids immense du combustible et de l'eau, et, surtout, du danger auquel on s'exposerait en réunissant le feu et un gaz si inflammable et si perméable que l'hydrogène. Les aéronautes qui seraient assez téméraires pour essayer un pareil moyen, auraient assurément le même sort que les premières victimes des aérostats, Pilatre de Rozier et Romain, qui eurent la malheureuse idée de réunir les deux systèmes d'aérostation : les montgolfières et les charliennes. (Les montgolfières sont gonflées par le feu, et les charliennes par le gaz.)

Parmi nos moteurs, le plus précieux sera l'air comprimé, parce qu'il n'exposera à aucun danger, ne coûtera rien et ne demandera aucun travail spécial, puisqu'il faudra indispensablement comprimer de l'air pour d'autres manœuvres. Après avoir mis en mouvement les pistons, l'air comprimé aidera encore à la locomotion, en frappant l'air de l'atmosphère.

Le gaz comprimé dans les deux gazomètres pourra s'utiliser aussi, en faisant communiquer le tuyau de la sortie du gaz avec la masse du gaz de la locomotive qui tiendra lieu d'atmosphère; en sorte que le gaz passerait de la locomotive dans les gazomètres, puis à chaque coup de piston il s'en retournerait dans la locomotive.

La condensation de l'air et du gaz s'obtiendra par des machines de compression, fonctionnant principalement au moyen de turbines mises en mouvement — par le vent, — la marche de l'appareil, — et la résistance de l'air en montant et en descendant. Ces forces motrices naturelles, qui ne coûteront rien, feront donc agir les propulseurs héliçoïdes par l'intermédiaire de l'air comprimé; cet intermédiaire est nécessaire pour emmagasiner une force régulière, dont l'accumulation sera surtout utile chaque fois que les turbines n'agiront pas, ce qui arrivera exceptionnellement lorsque le vent manquera et que l'appareil sera sans mouvement horizontal ou vertical.

Je présenterai, plus tard, d'autres moteurs agissant sans feu.

Je dirai, pour terminer cet article, que la machine simple, puissante et légère, inventée par M. J. de Amezaga, fait espérer que la question du moteur aérostatique est définitivement résolue. Je dois ajouter ici, à l'éloge de M. Amezaga, qu'il m'a offert sa machine, pour la locomotion aérienne, avec le plus grand désintéressement.

OBSERVATIONS.

1. — Ainsi, rien qu'en inclinant la locomotive de 10 à 15°, on la fera avancer horizontalement dans le sens de son inclinaison, par l'effet de la résistance de l'air sur sa forme allongée et sur ses voiles horizontales. Cette puissance considérable (étant proportionnelle aux surfaces) sera d'autant plus avantageuse, quelle se produira naturellement dans l'ascension et dans la descente, ce qui permettra de disposer de l'équipage pour les autres manœuvres.

2. — Avec tant de moyens agissant à la fois, il est certain que nous parviendrons à diriger notre appa-

reil, par la raison qu'il ne présentera que fort peu de surface au vent, puisque la proue, seule exposée à l'action d'un vent contraire, garantira toutes les autres parties de la locomotive, qui n'éprouvera dans sa longueur que la faible résistance du frottement de l'air.

3. — C'est une erreur de croire que le problème de la locomotion aérienne ne peut être résolu sans la découverte d'un moteur à la fois léger et puissant. Une étude sérieuse et approfondie démontre, au contraire, que la solution ne dépend que des dimensions et de la forme de l'appareil. Ce qu'on ne peut faire avec un aérostat sphérique, sera possible avec un grand appareil allongé, lequel n'éprouvera pas plus de résistance qu'un aérostat sphérique de dimension ordinaire, tandis qu'il aura infiniment plus de puissance à opposer au vent, attendu que sa force d'ascension, étant proportionnelle à sa longueur, lui permettra de porter suffisamment de personnes et de machines locomotrices. Il est donc hors de doute que nous dirigerons notre locomotive; car elle aura une forme essentiellement favorable, et nous disposerons non-seulement de moteurs puissants et légers, mais encore de forces naturelles se produisant d'elles-mêmes sans aucun travail.

4. — Nous naviguerons ordinairement entre 1,000 et 4,000 mètres de hauteur : à 4,000 mètres (*B*, fig. 12), on changera l'inclinaison de la locomotive, et on la fera descendre jusqu'à la hauteur de 1,000 mètres *(C)*, où on lui redonnera la première inclinaison, en la faisant remonter encore à 4,000 mètres *(D)*, ainsi de suite.

5. — Le calcul, basé sur des expériences, indique que la vitesse horizontale de notre appareil, — seule-

ment au moyen des plans inclinés atmosphériques, — sera à peu près dans le rapport de 3 à 5, avec une vitesse verticale graduée jusqu'à 500 mètres par minute; c'est-à-dire que si, dans une atmosphère supposée parfaitement calme, on parcourt une colonne d'air de 3 kilomètres de hauteur, on aura franchi une distance horizontale de 5 kilomètres dans l'espace de six minutes, ou 50 kilomètres par heure. En ajoutant à ces 50 kilomètres les 30 kilomètres que produiront les hélices, on a une vitesse totale de 80 kilomètres, avec laquelle on pourra se diriger presque toujours, soit en refoulant un vent d'une force moindre, ou en louvoyant s'il parcourt plus de 80 kilomètres à l'heure; et l'on doit remarquer que nous n'avons pas compté l'action des cinq ventilateurs et des seize cônes, qui accéléreront certainement la marche, qu'on pourra rendre plus rapide encore, en augmentant la vitesse verticale et le nombre des hélices et des voiles horizontales.

6. — D'après ce qui précède, avec un vent favorable d'une vitesse égale à celle de l'appareil, on traverserait l'Océan ou l'Afrique dans sa plus grande longueur, en moins de deux jours; mais si le vent est contraire, et que sa vitesse dépasse 45 milles par heure, comme on le verra dans la table suivante, la locomotive sera emportée par le vent, ou n'avancera qu'en louvoyant.

7. — La locomotive louvoiera à la fois de deux manières :

1° Horizontalement, comme les vaisseaux;

2° Verticalement, comme les oiseaux.

Table des vitesses et des forces du vent et de la locomotive.

VENT. Désignation.	VENT. Vitesse en milles par heure.	VENT. Résistance sur la locomotive, en kilog.	Excédant de force de la locomotive sur le vent, en kilog.	Vitesse de la locomotive en kilomètres à l'heure.
Calme plat	0	0	14,000	80
A peine sensible	1	7	13,993	78
Sensible	2	27	13,973	76
	3	59	13 941	75
Jolie brise	4	107	13,893	73
	5	166	13,834	71
Bon frais	10	664	13,336	62
	15	1,494	12,506	54
Grande brise	20	2,657	11,343	45
	25	4,151	9,849	36
Grand vent	30	5,979	8,021	27
	35	8,136	5,864	18
Vent très-fort	40	10,629	3,371	9
	45	13,450	550	1

CHAPITRE II.

LOCOMOTION VERTICALE,

ou moyens pour s'élever et descendre à volonté.

La locomotive devant monter et descendre continuellement, il est clair que si l'on perd du gaz pour descendre et du lest pour remonter, toute navigation lointaine deviendrait impossible, le gaz et le lest étant bientôt épuisés. Les moyens suivants feront descendre et monter aussi souvent qu'on le voudra, dans toutes les circonstances, sans diminuer aucunement la force d'ascension ni le poids de la locomotive :

I. — Poids de l'air.

Le poids de l'air comprimé dans les cinq cylindres en tôle fera descendre la locomotive, qui sera, du reste, presque toujours en équilibre avec la couche d'air dans laquelle elle naviguera, afin que le moindre effort ascensionnel ou descensionnel la détermine à monter ou à descendre.

II. — Ventilateurs à air comprimé.

Ainsi, pour descendre, on comprimera de l'air dans les cylindres, et pour remonter on allégera la locomotive du poids de cet air, en le faisant sortir par des robinets placés de manière à ce que la réaction des courants d'air comprimé communique à l'appareil une impulsion horizontale ou *verticale*, ascensionnelle ou descensionnelle.

Les cylindres devront contenir ordinairement une

grande provision d'air comprimé, qu'on ne perdra entièrement que lorsque la locomotive sera mouillée par la pluie, le brouillard, ou en traversant les nuages.

III. — Gaz.

Pour descendre, on dégonflera un peu l'appareil en comprimant du gaz dans les deux gazomètres; — et on le regonflera ensuite pour remonter, en ouvrant les robinets des boyaux de communication.

IV. — Effet du vide.

On allégera le plus possible la locomotive sans jeter aucun objet, en faisant le vide partiel des cylindres et des gazomètres.

V et VI. — Hélices.

5.

Les hélices ordinaires, agissant dans le sens de l'inclinaison de la locomotive, la feront nécessairement monter et descendre en même temps qu'avancer. (Les hélices pl. 1 font monter et avancer vers la droite; elles feraient descendre si l'appareil se dirigeait à gauche, ou si l'on changeait son inclinaison.)

6.

On obtiendra la locomotion verticale avec des hélices horizontales.

VII. — Vent

Le vent *seul* ne fera ni descendre ni monter; mais il sera très-utile avec une autre puissance :

Le cerf-volant s'élève parce qu'il résiste au vent; si

la locomotive tenue inclinée lui résiste aussi, elle s'élèvera ou elle s'abaissera, suivant qu'elle recevra le choc du vent en-dessous ou en-dessus. (La locomotive pl. 1 reçoit une impulsion ascensionnelle par le vent qui la frappe en-dessous de droite à gauche.)

(Si la route suivie par la locomotive n'est pas opposée au vent, qu'elle fasse par exemple avec sa direction un angle droit, et que tous les moyens de translation agissent dans le sens de la route, la locomotive ne résistera pas au vent, quand bien même on emploierait les voiles les plus habilement orientées; cependant, cette impossibilité n'est qu'apparente : notre locomotive ayant plus de surface horizontalement que verticalement, résistera au vent dans ce cas et fera l'effet du cerf-volant en l'inclinant dans sa largeur, parce que cette inclinaison lui procurera, en montant et en descendant, une impulsion contraire à la direction du vent, attendu qu'un plan incliné ne peut se mouvoir verticalement dans un fluide résistant. Cette manœuvre est indiquée par les oiseaux, lorsqu'ils descendent obliquement sur le côté en tenant leurs ailes inclinées transversalement; ils se dirigent souvent encore, à la fois en avant et sur le côté, sans agiter leurs ailes; mais alors leurs corps sont inclinés en longueur et en largeur. Cette double inclinaison procurera pareillement à la locomotive deux impulsions; car, évidemment, si un corps se meut sur un plan (solide ou fluide) incliné dans sa longueur et dans sa largeur, ce corps suivra une direction relative aux deux inclinaisons.

Ordinairement il ne sera pas nécessaire d'incliner la locomotive transversalement; on inclinera seulement quelques cônes.)

VIII — Résistance horizontale de l'air.

La résistance horizontale de l'air fera aussi monter et descendre, lorsque la locomotive maintenue inclinée marchera rapidement, le résultat étant le même, que le vent frappe la locomotive, comme dans le moyen précédent, ou que la locomotive frappe l'air.

IX et X. — Cônes.

9.

Pour monter, on introduira le vent dans les cônes par le dessous (fig. 23); et pour s'abaisser, on l'introduira par le dessus, en tournant leurs sommets *D* par en bas.

10.

Si la locomotive a quelque vitesse, la résistance horizontale de l'air dans les cônes fera aussi monter et descendre.

XI. — Différence des résistances de l'air.

Lorsque la locomotive placée horizontalement, n'aura ni assez de force d'ascension, ni assez de pesanteur pour vaincre la résistance et le frottement de l'air, elle ne montera ni elle ne descendra; mais en l'inclinant, elle s'élèvera si elle a de la légèreté, ou elle s'abaissera si elle a de la pesanteur. Il faut remarquer que la locomotive éprouvera par sa forme quarante fois moins de résistance en déplaçant l'air par ses extrémités, que par ses surfaces inférieures et supérieures, et que, par suite, la résistance éprouvée par une des pointes de l'avant ou de l'arrière sera trop faible pour retenir la locomotive, qui descendra ou s'élèvera alors obliquement dans le sens de son inclinaison, en glissant sur l'air comprimé en dessous ou en dessus, comme sur un plan incliné solide.

Il s'ensuit de là, qu'on diminuera la vitesse ascensionnelle ou descensionnelle de la locomotive, en la plaçant horizontalement, et qu'on arrêtera même tout mouvement vertical, lorsqu'étant inclinée, elle aura très-peu de légèreté ou de pesanteur.

XII. — Augmentation de la pesanteur par la résistance de l'air.

Aussitôt que la locomotive descendra, la résistance de l'air comprimera sa partie inférieure; sa pesanteur augmentant en raison de la diminution de son volume, elle descendra plus vite, et, par conséquent, étant en équilibre avec l'air, le moindre effort la déterminera à descendre.

OBSERVATIONS.

1. — La vitesse des montées et des descentes sera proportionnelle au nombre de moyens qu'on emploiera à la fois. Ce nombre variera lui-même avec le vent; c'est-à-dire que plus le vent sera fort, plus la vitesse verticale devra être grande, afin que l'air, étant plus fortement comprimé par les plans inclinés, réagisse d'autant plus contre le vent.

2. — Les cylindres et les gazomètres auront 12 mètres de longueur sur un diamètre de 2 mètres, ou une capacité de 35 mètres cubes, en ayant égard à leurs extrémités côniques; ce qui fait que chaque cylindre contiendra 175 mètres cubes d'air comprimé seulement à cinq atmosphères. En multipliant ce nombre par 1,3 kilog., poids du mètre cube d'air, on a 227,5

kilog. pour la force de descension que produira un cylindre, ou 1137 kilog. pour les cinq.

Les gazomètres contiendront aussi 175 mètres cubes de gaz, à cinq atmosphères, soit, pour les deux, 350 mètres pesant environ 90 kilog., — que nous ne devons pas compter, car évidemment l'appareil aura toujours le même poids, que ces 90 kilog. de gaz restent dans l'enveloppe, ou qu'on les fasse passer dans les gazomètres. Mais en dégonflant la locomotive de 350 mètres cubes de gaz, elle déplacera nécessairement 350 mètres cubes d'air de moins; en sorte que si elle était déjà en équilibre avec l'air ambiant, elle descendrait avec une pesanteur spécifique de 455 kil., poids de 350 mètres cubes d'air.

En ajoutant aux 455 kilog. de pesanteur produite par le dégonflement, les 1137 kilog. d'air comprimé, on a une force de descension de près de 1600 kilog., dont on pourra disposer constamment, et qui feront descendre la locomotive avec la rapidité que procurerait la perte de 1,540,000 litres de gaz, représentant la capacité d'un grand aérostat sphérique de 43 pieds de diamètre.

Cette puissance serait-elle la seule, qu'elle serait suffisante; toutefois, si l'on craignait quelle ne le fût pas, on pourrait comprimer davantage l'air et le gaz; ou, au besoin, les cylindres et les gazomètres seraient un peu plus grands : avec un diamètre de 3 mètres, par exemple, on aurait une force de pesanteur de 3550 kilog., ce qui est plus du double qu'avec un diamètre de 2 mètres, qui suffira certainement.

Comme nous ne perdrons pas de gaz pour descendre, il nous sera facile de remonter, en rendant à la locomotive sa force d'ascension primitive, d'abord par la manœuvre, ensuite en la regonflant et en laissant échapper tout ou partie de l'air comprimé des cylindres, en ayant soin d'ouvrir seulement les robinets de l'arrière, afin d'utiliser la réaction des courants d'air.

Enfin, en faisant le vide partiel des cylindres et des gazomètres, on pourra remonter avec une force d'ascension égale à celle que procurerait la perte graduelle d'un lest d'environ 1600, ou de 3500 kilog., selon que le diamètre sera de 2 ou de 3 mètres; et il faut bien remarquer que le *poids* de la locomotive n'aura pas diminué, et qu'on n'a pas compris, dans le calcul, la puissance immense que produiront, en outre, les manœuvres et les hélices.

3. — La locomotion verticale s'effectuera spécialement par la manœuvre, réservant pour les circonstances imprévues, l'action bien inférieure, mais toujours possible, de l'air et du gaz comprimé.

CHAPITRE III.

MOYENS POUR PRODUIRE L'INCLINAISON.

Pour comprendre les manœuvres des deux chapitres suivants, il faut se rappeler que la locomotive montera et descendra continuellement. Je dois prévenir que je ne parle qu'après expérience.

I. — Lest-volant.

On inclinera la locomotive, en faisant porter tout ou partie du poids de la chaloupe du côté où l'on voudra incliner, au moyen des câbles de suspension. (La chaloupe pèsera, son chargement compris, 25,000 kil.)

II. — Résisteurs.

On inclinera la locomotive dans toutes les directions, en diminuant la surface choquante des voiles horizontales (fig. 22), d'un côté ou de l'autre, comme il a été déjà expliqué. L'inclinaison se produira nécessairement en montant et en descendant, par l'inégalité des résistances de l'air. Ce moyen est analogue à celui qu'emploient les oiseaux, en ouvrant plus ou moins leurs queues, suivant l'inclinaison qu'ils désirent. (La locomotive pl. I est inclinée de l'avant à l'arrière, parce que, entre autres causes, l'avant, ayant ses résisteurs placés verticalement en draperies, éprouve moins de résistance à s'élever que l'arrière, dont les résisteurs sont maintenus horizontalement déployés comme des ailes.)

III à V. — Cônes.

3.

Par le même principe, dans l'ascension et dans la descente on augmentera la résistance verticale de l'air d'un côté de la locomotive, et on la diminuera du côté opposé, en fixant les sommets des cônes, les uns en bas et les autres en haut,

4.

et en même temps, en inclinant les cônes contrairement entre eux, ils feront descendre une des extrémités de la locomotive et élever l'autre par le vent; (les cônes de la proue — côté droit, pl. 1 — font élever cette partie par la décomposition du vent, qui souffle de droite à gauche),

5.

ou à défaut de vent, par la résistance horizontale de l'air, à mesure que l'appareil avance.

VI. — Hélices.

Supposons deux hélices horizontales, de dimensions suffisantes, placées sur la galerie une à chaque extrémité; si l'une tend à monter et l'autre à descendre, il est évident que l'inclinaison se produira; toutefois, il sera plus avantageux de faire agir les deux hélices sur l'avant de la locomotive, de manière qu'elles fassent élever cette partie lorsqu'on devra monter, ou baisser lorsqu'on devra descendre.

VII. — Poids des personnes

On fera incliner la locomotive, au besoin, par le poids des personnes.

OBSERVATIONS.

1. — Il est évident que l'inclinaison de la locomotive sera d'autant plus grande, qu'une de ses parties supportera plus de poids ou éprouvera plus de résistance de la part de l'air, pour s'élever ou pour descendre, que la partie opposée. En sorte, que la locomotive sera d'autant plus inclinée, que la chaloupe sera plus éloignée du centre de gravité, ou qu'il y aura plus de personnes ou de voilures horizontales d'un côté que de l'autre.

2. — Dans le cas, presque impossible, où une des sections de l'enveloppe viendrait à éclater, on rétablira l'équilibre en faisant porter le poids de la chaloupe ou d'un certain nombre de personnes, du côté opposé où la rupture aurait lieu.

3. — Lorsqu'on ne manœuvrera pas, les passagers pourront se promener tout autour de leur galerie, en se suivant afin de ne pas détruire l'équilibre. Le poids de quelques personnes de plus ou de moins ne produira aucun effet sensible, à cause de la grandeur de l'appareil.

CHAPITRE IV.

MOYENS POUR GOUVERNER ET VIRER DE BORD.

I. — Gouvernail.

L'idée d'un gouvernail se présente naturellement; mais nous n'en ferons pas usage, possédant des moyens plus avantageux et qui servent en même temps à d'autres manœuvres.

II. — Lest-volant.

On gouvernera la locomotive, en déplaçant son centre de gravité avec le lest-volant (chaloupe), dont on fera supporter le poids (25,000 kilog.) sur l'avant dans la descente, et sur l'arrière dans l'ascension, — mais seulement du côté où l'on voudra tourner. L'expérience relative à la fig. 5 le prouve entièrement (page 25).

(Supposons qu'on veuille virer à tribord en montant, on fera supporter la chaloupe sur tribord-arrière, c'est-à-dire sur l'arrière de la locomotive et du côté droit seulement. — Pour virer à babord en descendant, on fera agir le poids de la chaloupe sur babord-avant.)

III. — Poids des personnes.

On réunira plus de personnes sur un des quatre coins de la galerie, du côté où l'on voudra tourner, que dans les autres parties.

Cette manœuvre, d'une simplicité extrême, a lieu dans l'ascension et dans la descente, par le déplacement du centre de gravité, d'après le principe du moyen précédent.

En se promenant, les passagers s'utiliseront ainsi à la manœuvre, pour faire incliner la locomotive et la gouverner.

Si, par accident, les autres moyens viennent à manquer, celui-ci restera toujours le dernier.

IV. — Résisteurs.

On gouvernera facilement en diminuant à propos la surface horizontale des résisteurs; le résultat étant le même, qu'on accumule du poids dans une partie de la locomotive, ou qu'on diminue la résistance verticale de l'air sur cette même partie dans la descente, et sur la partie opposée dans l'ascension.

(Par exemple, pour virer à babord en descendant, on diminuera la résistance verticale de l'air de ce même côté, en plaçant verticalement les résisteurs de babord-avant, c'est-à-dire les résisteurs de l'avant de la locomotive, et du côté gauche seulement. S'il fallait virer à babord en montant, on placerait verticalement les résisteurs de tribord-arrière, en laissant tous les autres ouverts comme des ailes.

Donc, en résumant les manœuvres 2, 3 et 4 : on gouvernera, dans la descente, en augmentant le poids, ou en diminuant la surface des voilures horizontales sur l'avant du côté où l'on désirera tourner ; et, dans l'ascension, en accumulant du poids sur l'arrière du côté où il faut tourner, ou en diminuant la voilure horizontale du côté opposé.

On doit se rappeler que la manœuvre des résisteurs sera très-facile, consistant simplement à filer leurs cordes).

V à VII. — Hélices.

5.

En ne faisant agir les hélices horizontales qu'à un des coins de la galerie, la locomotive virera d'après le principe des moyens précédents. La traction verticale des hélices produira le même effet que l'action verticale de la gravité ou de la résistance de l'air.

6.

On arrêtera un certain nombre des hélices ordinaires du côté où il faudra tourner, ou l'on fera agir les hélices de tribord, en sens inverse que celles de babord ; la locomotive virera ainsi par un mouvement circulaire.

7.

On la fera pivoter sur elle-même, avec des hélices placées aux deux extrémités d'une des galeries, de manière que la traction des hélices de l'avant s'effectue à tribord; par exemple (*PS*, fig. 16), et la traction des hélices de l'arrière à babord (*ps*).

VIII à XIV. — Cônes.

8.

En faisant pénétrer le vent dans les cônes par-dessous d'un côté de la locomotive, et par-dessus de l'autre.

9.

Par la résistance horizontale de l'air, à mesure que l'appareil avance.

10.

La locomotive abattra du côté voulu, en orientant les cônes obliquement au vent;

11.

et, dans cette position, la résistance de l'air, produite par la marche de l'appareil, communiquera aussi une impulsion transversale.

12.

En manœuvrant les cônes pareillement aux résisteurs (4e moyen), c'est-à-dire en diminuant la résistance verticale de l'air; — en descendant, sur l'avant de la locomotive du côté où l'on désire tourner, — et en montant, sur l'arrière du côté opposé.

13.

En inclinant les huit cônes de la proue à tribord, par exemple, et les huit de la poupe à babord, la locomotive recevra, par la réaction de l'air, deux impulsions diamétralement opposées, soit qu'elle monte ou qu'elle descende. La proue (*P*, fig. 16) étant poussée contrairement à la poupe *(p)*, la locomotive pivotera sur son centre de gravité, comme le ferait un cabestan, auquel on virerait avec deux barres placées sur la même ligne.

On peut se rendre compte de cette manœuvre, en inclinant contrairement deux parapluies, et en les baissant subitement, — ou en les élevant, s'ils sont renversés, la pointe en bas.

14.

On gouvernera en augmentant la résistance horizontale de l'air du côté où l'on voudra tourner. Pour cela, on placera verticalement la base d'un ou de plusieurs cônes, le sommet tourné vers la poupe. La locomotive, ayant alors plus de vitesse d'un côté que de l'autre, tournera comme un rayon à l'extrémité duquel agirait une puissance. On comprend que le résultat est le même, qu'on diminue la vitesse d'un côté, ou qu'on l'augmente du côté opposé, comme dans le 6e moyen.

15.

Enfin, on pourra gouverner avec les cônes comme avec des gouvernails, en obliquant leurs bases de telle façon qu'elles fassent avec la longueur de la locomotive un angle approchant de 54° 44′, qui est l'obliquité la plus favorable pour décomposer l'impulsion des fluides, et par conséquent pour gouverner dans l'eau ou dans l'air, et pour élever le plus haut possible les cerfs-volants.

Dans toutes les manœuvres, les voiles côniques seront très-avantageuses, étant placées aux extrémités de la locomotive; car plus un levier est long, plus il a d'effet lorsqu'il agit avec la même puissance. D'où il suit, qu'on virera de bord promptement, en obliquant les huit cônes ou gouvernails de la proue, contrairement aux huit autres de la poupe; mais pour gouverner dans les circonstances ordinaires, deux cônes suffiront, attendu que ce genre de voilure formera des gouvernails creux ou conchoïdes, qui auront beaucoup plus de puissance que de simples gouvernails à surfaces planes.

XVI. — Ventilateurs à air comprimé.

On aidera à faire pivoter la locomotive, en dirigeant des courants d'air horizontalement et perpendiculairement à sa longueur, de manière que l'air des cylindres de l'avant ait une direction diamétralement opposée à celle de l'air des cylindres de l'arrière. (*PS, ps*, fig. 16.)

OBSERVATIONS.

1. — Le poids de la chaloupe, celui des personnes, les résisteurs et les cônes, pourront servir à la fois à incliner la locomotive et à la gouverner. Supposons que la chaloupe soit suspendue à l'arrière de la locomotive pour la maintenir inclinée dans l'ascension; si l'on hale les câbles de tribord, ou qu'on mollisse ceux de babord, le poids de la chaloupe agissant alors sur tribord, l'appareil abattra de ce côté, tout en conservant son inclinaison, puisque la chaloupe, quoique suspendue à tribord, n'aura pas cessé d'être sur l'arrière.

2. — De même que les marins remettent la barre

droite aussitôt que le navire obéit à la résistance de son gouvernail, — un peu avant de faire bonne route, les aéronautes devront rétablir l'équilibre en poids et en voilure, dans le sens de la largeur de l'appareil.

3. — Ordinairement, on gouvernera avec le lest-volant, réservant les autres moyens pour manœuvrer avec avantage lorsqu'on voudra virer subitement. Évidemment, la promptitude des évolutions sera proportionnelle au nombre de moyens qu'on emploiera à la fois.

4. — Le poids du lest-volant et des personnes aura d'autant plus d'effet pour incliner et gouverner, qu'il sera éloigné du centre de gravité, agissant alors à l'extrémité d'un plus grand levier.

5. — La locomotive ayant ses deux extrémités semblables terminées en pointe, marchera également en avant et en arrière. Cette faculté sera précieuse pour les appareillages et les attérages.

6. — Il semble tout à coup qu'il sera fort difficile de gouverner une vaste machine aérienne; cependant la moindre puissance, employée convenablement, suffira au besoin, quelle que soit la force du vent; car le vent ne nuira pas davantage aux évolutions atmosphériques, que le courant ne nuit à l'effet du gouvernail des navires.

Soit un aérostat *Pp* (fig. 16) marchant vers *R*, en coupant à angle droit la ligne du vent *V* : il est clair que, dans ce cas, l'aérostat sera entraîné avec toute la vitesse du vent, à mesure qu'il avancera vers *R*. La direction du vent et celle de l'appareil étant perpendiculaires l'une à l'autre, les puissances ne se nuisent ni ne s'aident, et, par conséquent, la route vraie sera la diagonale d'un parallélogramme, dont les côtés représenteront ces puissances.

Supposons, maintenant, qu'on veuille changer de route, pour courir avec, ou contre le vent *V* : on virera, en faisant agir transversalement une force quelconque à une des extrémités de l'appareil. Ainsi, si une force *PS* agit contre le vent *V*, nécessairement l'appareil tournera, parce que la proue *P*, résistant un peu au vent, ne peut être entraînée avec autant de vitesse que la poupe *p*, qui ne lui offre aucune résistance. En effet, le vent *V* agit également sur les bras de levier *CP* et *Cp*, qui sont à gauche et à droite du centre de surface *C*. Tant que cette égalité d'action persistera, la locomotive restera perpendiculaire au vent; mais elle pivotera aussitôt que l'équilibre sera détruit, par la même raison que le côté le plus lourd d'une balance entraîne le plus léger. Le moindre effort détruisant tout équilibre, il est évident qu'une force quelconque, agissant contre le vent à l'extrémité *P*, fera tourner l'appareil comme une girouette pivotant sur le point *P*. D'où il suit, que la locomotive tournera à la manière des girouettes, chaque fois qu'elle fera un angle avec le vent, et qu'une puissance agira dans le sens latéral, partout ailleurs qu'au centre de la surface exposée au vent.

Lorsque l'aérostat sera arrivé sur une ligne intermédiaire, *PD*, par exemple, il conservera cette direction si la puissance *PS* cesse d'agir, l'équilibre étant alors rétabli; autrement, il continuera de tourner, et placera sa longueur parallèlement au vent suivant *PE*. Pour revenir perpendiculairement au vent, l'aérostat aura d'abord à vaincre la résistance de l'air, comme un bateau a à vaincre la résistance de l'eau; ensuite, en s'obliquant, le vent lui fera continuer son mouvement giratoire.

Pour démontrer d'une manière plus sensible comment le vent s'utilisera, supposons qu'au lieu d'un aérostat flottant dans un courant atmosphérique, ce soit un bateau plongé dans une eau courante, ce qui est la même chose quant au résultat. Si la proue *O* (fig. 13) résiste un peu au courant, nécessairement le bateau, étant en travers du courant, prendra la position *P*, et continuera à pivoter si la force *PR* continue d'agir; comme il est facile de s'en assurer, en laissant dériver un bateau, qui tournera constamment, si l'on pousse l'eau légèrement, même avec la main. Ce qui arrive sur l'eau avec un bateau, arrivera aussi dans l'air avec un aérostat, la différence de grandeur des surfaces étant compensée par la différence de densité des deux fluides; car l'air, résistant huit cents fois moins que l'eau, ne demande, pour être déplacé, qu'un effort huit cents fois plus faible.

CHAPITRE V.

ROUTES OBLIQUES.

Il est impossible de faire louvoyer un aérostat à voile comme un navire, malgré qu'en considérant la navigation ordinaire, il semble tout d'abord qu'on puisse espérer un résultat. Pour se convaincre de cette impossibilité, il suffit de remarquer la différence qui existe entre les deux navigations : Les vaisseaux sont plongés dans deux fluides, dont l'un est environ huit cents fois plus pesant que l'autre; la résistance des fluides étant comme leur pesanteur spécifique, il s'en suit que l'eau oppose une résistance huit cents fois plus grande que celle de l'air; en sorte qu'un navire poussé en travers ne peut pas être entièrement entraîné dans la direction du vent; l'eau lui résistant sous le vent, ses voiles se gonflent, et, suivant leur obliquité, font avancer ou reculer, parce que la proue et la poupe éprouvent peu de résistance. Mais l'aérostat, flottant dans un seul fluide, n'éprouve aucune résistance; par conséquent, ses voiles, ayant la vitesse du vent, ne s'enfleront pas. Ce qui le prouve, c'est que la flamme d'une bougie emportée par un ballon, ne vacille même pas, quoique exposée au vent le plus violent.

Ce qui est impossible aux aérostats ordinaires, sera très-facile à notre locomotive : sa puissance de locomotion remplacera la résistance de l'eau pour les navires, et dès lors, faisant obstacle au vent, les voiles se gonfleront, et sa route sera oblique à la ligne du vent; mais encore, sa forme sera si favorable, qu'elle louvoiera *sans voiles*, en la maintenant obliquement au vent, *ce qu'une flottille de ballons sphériques ne pourrait faire.*

On voit, d'après cela, que *tous les côtés* de notre vaisseau aérien concourront à la direction horizontale, et, de plus, les voiles côniques, les surfaces verticales des chambres, etc., feront dévier de la ligne du vent.

Si l'on perd en courant des bordées par rapport à la force du vent, on relâchera si l'on est sur terre; autrement, on continuera de louvoyer, en prenant un point d'appui dans l'eau, comme il est indiqué ci-après:

CHAPITRE VI.

ANCRE HYDRO-AÉRIENNE.

L'ancre hydro-aérienne est composée d'un parachute en toile peinte soutenue par un filet et par un cercle en fer. Ce parachute étant plongé obliquement dans la mer, et retenu par quatre longues cordes amarrées à la chaloupe, il est certain que si la locomotive est entraînée par le vent, sa marche sera arrêtée ou considérablement ralentie, ayant à vaincre la résistance de l'eau dans le parachute.

La locomotive ne tombera pas dans la mer; en l'inclinant un peu, le vent la soutiendra en dessous comme un cerf-volant. D'ailleurs, elle se relèvera, ou elle cessera de descendre, aussitôt que la chaloupe sera sur l'eau, se trouvant tout à coup allégée d'un poids énorme; et tomberait-on dans la mer, qu'il n'y aurait aucun inconvénient, la locomotive étant insubmersible, comme on le verra plus loin.

Ainsi tenus par l'eau, qui servira de point d'appui, nous louvoierons utilement, sans avoir, comme les marins, à redouter les coups de mer. Si ce moyen est insuffisant, on fera, en outre, remorquer la locomotive par la chaloupe, et, au besoin, par les embarcations, si l'état de la mer le permet.

CHAPITRE VII.

MOYENS DE SAUVETAGE.

La navigation aérienne, quoique effrayante tout à

coup, ne sera pourtant pas aussi dangereuse que la navigation ordinaire. Si un navire sombre, tout est perdu; tandis que, dans ce cas, un appareil aérostatique convenablement perfectionné, descendra lentement sur la terre, et naviguera sur la mer. Effectivement, la résistance de l'air sur l'immense surface horizontale de notre locomotive, s'opposera à une descente trop précipitée.

Un naufrage arrivera par deux causes principales : par la rupture de l'enveloppe, et par la déperdition continuelle du gaz, si l'on éprouve, pendant longtemps, des vents très-forts et contraires.

Le poids que portera la locomotive diminuera de jour en jour par la consommation des aliments et des matières destinées à faire du gaz : cette diminution de poids balancera une partie de la diminution de la force ascensionnelle.

J'ai proposé, ailleurs, plusieurs moyens de sauvetage; mais ces moyens ne pouvaient me convenir entièrement, car je savais que la frayeur et le désordre inévitables dans un naufrage, ne permettent pas toujours de manœuvrer utilement. J'ai donc cherché à rendre la locomotive insubmersible, *sans augmenter son poids;* et j'y suis parvenu, par un moyen infaillible et tellement simple, que la moindre réflexion aurait dû me l'indiquer :

Nous avons vu que les cylindres métalliques nous rendront de nombreux services : pour monter et descendre, pour la locomotion horizontale, pour éviter les suites fâcheuses d'une grande dilatation du gaz, pour emmagasiner l'air comprimé employé comme force motrice, etc., etc. Eh bien! ces cylindres, déjà si précieux à tant d'égards, feront en outre naviguer sur l'eau. En les amarrant au-dessous de la galerie inférieure, trois à chaque côté, leur légèreté spécifique, relativement à l'eau, soutiendra la locomotive. En effet, un cylindre ayant une capacité de 35 mètres cubes, déplacera 35,000 kilog. d'eau, ou 35 tonneaux; soit 210 tonneaux pour les 6 cylindres. Or, le poids total de la locomotive, y compris son chargement et l'air comprimé dans les cylindres, n'excédant pas 160 tonneaux, il restera donc une légèreté de 50 tonneaux, qui sera plus que suffisante pour faire flotter l'appareil, en supposant même qu'il puisse perdre tout son gaz.

Ainsi, dans la circonstance la plus malheureuse, on ne fera que changer de mode de navigation, sans avoir rien à faire, ni rien à redouter.

La locomotive placée sur l'eau, qu'elle ne fera qu'effleurer, ne sera pas renversée par le vent, ni par les coups de mer, à cause de la largeur de la galerie, qui formera naturellement un vaste radeau de 135 pieds de largeur, sur 450 de longueur, et parce que presque tout le poids se trouvera à la partie inférieure. On ne sera pas inquiété par les lames, en entourant la galerie avec une toile peinte.

Les tuyaux de communication et les robinets des cylindres aboutissant au-dessus de la galerie, on pourra continuer de faire fonctionner les hélices par l'air comprimé, dont le ressort, constamment renouvelé, balancera la pression de l'eau sur les cylindres.

On se dirigera sur la mer au moyen des hélices, des voiles, des avirons, de deux gouvernails dans le genre de ceux des bateaux de rivière, et en se faisant remorquer par la grande chaloupe et par les huit embarcations dont les descriptions suivent :

On aura six embarcations solides et légères, en cuir verni ou en toute autre matière imperméable, recouvrant une nacelle en osier ou une carcasse en bois. Ces embarcations seront suspendues à la galerie inférieure et à la chaloupe, pour être lancées promptement à l'eau; elles seront toujours approvisionnées de vivres et de tous leurs apparaux. — Le septième cylindre en tôle, porté par la chaloupe, sera formé de deux parties demi-cylindriques, réunies par des écrous afin de pouvoir les séparer et les changer en deux embarcations de sauvetage. Les embarcations seront insubmersibles, en les entourant d'un bourrelet plein de vent [1].

L'avantage qu'aura la locomotive de flotter sur l'eau facilitera les communications avec les navires, et servira à aborder les îles montueuses, sur lesquelles un attérage serait fort dangereux. Ordinairement, on pourra descendre sur l'eau et se relever à volonté par la manœuvre seulement, sans toucher au poids de l'appareil.

En résumé, je crois avoir prouvé avec évidence : que la navigation aérienne ne présentera pas autant de dangers que la nautique, puisque notre locomotive descendra lentement sur la terre, et naviguera sur l'eau lorsque l'air ne la soutiendra plus.

[1] Les aéronautes de profession ne craindraient plus autant de tomber dans l'eau, s'ils remplaçaient leurs nacelles par des embarcations légères, insubmersibles et inchavirables.

CHAPITRE VIII.

ESSAIS DE PARACHUTES DIRIGEABLES.

Si dans le cours d'un voyage aérien on a besoin de faire descendre un homme en parachute, il serait très-utile qu'il puisse éviter les points dangereux, en retardant ou en accélérant sa marche horizontale, ou bien, en s'écartant un peu de la ligne du vent qui l'entraîne.

La figure 11 représente un parachute composé de fuseaux d'étoffe réunis au centre sur une rondelle de bois *A*, d'où partent trois ou quatre cordes qui s'amarrent à un cerceau *B*, soutenant la nacelle par quatre cordes qui passent dans des clans à poulies. Des lignes cousues le long des coutures des fuseaux viennent s'amarrer aussi au cerceau *B*.

Le cercle *C* facilitera le développement du parachute. Au milieu de la rondelle *A*, se trouve une ouverture qui évitera les oscillations en permettant à l'air comprimé de sortir rapidement.

En filant un peu une des quatre cordes qui soutiennent la nacelle, et en pesant sur celle opposée, on inclinera le parachute, et l'on essaiera de le diriger par la différence des résistances de l'air, entre toute sa surface concave et une partie de sa surface convexe. L'expérience réussit avec un petit parachute, qui descend toujours obliquement dans le sens de son inclinaison.

On dirigerait autrement les parachutes avec une soupape de la grandeur du cercle *C*, fonctionnant par quatre cordes passant dans des poulies estropées sur un cercle un peu plus petit que celui de la soupape. S'ouvrant par la résistance de l'air, cette soupape fera avancer horizontalement par l'effet de sa surface inclinée; elle s'inclinera de huit manières différentes, et, par conséquent, on pourra se diriger dans tous les sens; elle sera en taffetas posé sur un cercle. Les cordes qui tiennent à la rondelle *A* s'attacheront au cercle *C*, concentrique à la soupape.

On évitera la rotation d'un parachute, au moyen d'une petite voile faisant l'effet d'une girouette.

Sous la nacelle, il y aura un bourrelet plein d'air qui diminuera le choc en atteignant la terre et soutiendra la personne si elle tombe dans l'eau.

CHAPITRE IX.

DES ATTÉRAGES.

Les attérages demanderont de la prudence et de l'habileté dans la manœuvre.

Les dangers d'un voyage aérien seront nuls, comparativement à ceux des attérages. Il en est de même dans la navigation ordinaire; car la plus grande partie des navires qui périssent font naufrage sur les côtes.

Les manœuvres varieront suivant les circonstances et le lieu du mouillage, qu'on examinera attentivement avant de jeter l'ancre.

Si l'on arrive ou qu'on désire relâcher dans une nuit très-obscure, on réfléchira au-dessous la lumière électrique, au moyen de fanaux à lentilles concaves-convexes et à réflecteurs paraboliques placés sur la chaloupe.

Un attérage par un temps calme ou par un vent ordinaire n'offrira aucune difficulté :

Tout le monde étant à son poste, on commencera par filer les câbles de la chaloupe, pour la suspendre à 70 mètres au-dessous de la galerie inférieure. On descendra seulement par la manœuvre, en cherchant à venir au vent de l'endroit où l'on veut s'arrêter, afin de n'avoir ensuite qu'à laisser dériver l'appareil, en le maintenant le bout au vent pour lui présenter le moins de surface possible, et pour être prêt à faire agir les hélices contre le vent si la dérive est trop rapide. On jettera alors quelques grappins; s'ils mordent, on filera leurs câbles pour atteindre le lieu d'arrivée; mais si on l'a déjà dépassé, on fera agir vivement les hélices contre le vent en virant en même temps sur les grappins. Dans cette manœuvre on inclinera un peu la locomotive, pour que le vent, en la prenant en dessous, la soutienne en l'air comme un cerf-volant; sans cette précaution, le vent pourrait, au contraire, la lancer brusquement contre la terre.

Si les ancres ne rencontrent aucun obstacle, on continuera la descente par la manœuvre; en arrivant près de la terre, l'équipage de la chaloupe essaiera de fixer l'appareil avec des gaffes et des grappins d'abordage : il est probable qu'il y réussira, les hélices annulant l'action du vent.

La locomotive éprouvera ordinairement quelques oscillations avant d'être définitivement arrêtée; les chocs que recevra la chaloupe seront amortis par les tampons en caoutchouc dont elle sera entourée; quant à la locomotive, elle ne courra aucun danger étant encore à 70 mètres de hauteur, où on la laissera si le temps le permet et si l'on a l'intention de continuer le voyage; dans ce cas, on fera agir les hélices contre le vent, de manière à rester stationnaire, en employant un nombre d'hélices proportionné à la force du vent.

On fera descendre la locomotive avec les cônes, les hélices, et en virant sur les câbles de la chaloupe que nous supposons ici retenue à terre; en augmentant la pesanteur par la compression de l'air et du gaz, on pourra débarquer une douzaine de personnes qui étaieront aussitôt la locomotive du côté du vent; en même temps, les hélices continueront de fonctionner contre le vent, et les voiles côniques seront orientées de manière que par leur impulsion descensionnelle, la locomotive soit pressée contre le sol. Les personnes mises à terre et l'équipage de la chaloupe régulariseront les mouvements de l'appareil, et dirigeront les personnes étrangères qui pourraient occasionner, sans le vouloir, les accidents les plus funestes.

Si l'on est arrivé au terme du voyage ou dans un lieu très-habité, beaucoup de monde viendra sans doute aider les aéronautes, dont la présence sera annoncée de très-loin par les sifflets à air comprimé; néanmoins, les personnes ne débarqueront qu'à mesure qu'on remplacera leur poids par un lest quelconque; car, ayant encore toute sa force d'ascension et ne devant pas perdre de gaz, la locomotive, trop allégée, briserait ses amarres; à moins de faire préparer d'avance une gare, dans laquelle on placera des poutres horizontalement et profondément dans le sol; des chaînes, partant des poutres, se termineront à fleur de terre par des anneaux qu'on fixera autour de la galerie.

Si l'agitation de l'atmosphère, ou toute autre cause, oblige à relâcher subitement malgré le mauvais état du sol, on manœuvrera comme dans le beau temps, avec la plus grande attention, mais en ne faisant pas descendre tout-à-fait la locomotive; on la tiendra élevée au-dessus des points dangereux en cherchant à arrêter la chaloupe, dont la construction devra résister aux plus violentes secousses. Si la tempête empêche que les aéronautes, livrés à leur propre force, puissent manœuvrer avec succès, on ouvrira les soupapes supérieures et l'on perdra plus ou moins de gaz, suivant la quantité de personnes qu'il faudra débarquer, pour pouvoir, enfin, par leurs efforts réunis, arrêter la locomotive, et la remorquer dans un endroit commode pour réparer les avaries et la perte de gaz, en attendant le retour du beau temps.

Pour descendre rapidement, on diminuera la résistance de l'air en plaçant verticalement toutes les voilures horizontales; ce qu'on exécutera avec la rapidité de l'éclair, en larguant en bande les amures inférieures.

On a dû voir combien la chaloupe sera indispensable pour les attérages; sans elle, la locomotive serait exposée à se briser par les oscillations, ou en descendant sur des arbres ou sur un sol trop inégal; tandis que cessant de descendre presque aussitôt que la chaloupe touche la terre, la locomotive n'éprouvera à l'arrivée ni choc, ni secousse; lorsqu'on la fera descendre entièrement, on la conduira captive dans un endroit propice, et la chaloupe se placera alors sur le côté ou dans la charpente de la galerie inférieure.

Je m'arrête; — il serait trop long de mentionner toutes les manœuvres que demanderont les attérages; — et je m'arrête d'autant plus volontiers, que je n'ignore point qu'on n'appréciera pas l'importance des moyens que je propose..... Mais je n'ambitionne recueillir que l'approbation des personnes compétentes qui étudieront ce Mémoire sérieusement et sans parti pris d'avance;.... au moins ces personnes savent que c'est en se préparant dans le silence du cabinet, que c'est en imaginant les procédés relatifs à une foule de circonstances, qu'on parviendra à acquérir les connaissances nécessaires pour manœuvrer avec discernement et sang-froid, malgré les difficultés aussi grandes qu'imprévues qui surgiront dans la pratique de l'aérostation.

Par ces raisons, les navigateurs aériens devront recevoir, avant de partir, une instruction complète des besoins et de la manœuvre de la locomotive.

TROISIÈME SECTION.

DU VENT ET DE L'ÉLECTRICITÉ ATMOSPHÉRIQUE.

CHAPITRE Ier.

DU VENT.

La navigation aérienne possède dans le vent un puissant moyen de translation.

Il existe dans la mer des courants différents à des profondeurs différentes; les nuages nous indiquent dans l'air le même phénomène. Conséquemment, si le vent est contraire à la surface de la terre, en s'élevant on pourra rencontrer un vent favorable ou moins désavantageux ; — ou autrement, on naviguera dans la zone tranquille, qui se trouve toujours entre deux courants opposés. On peut remarquer, en effet, lorsqu'il y a plusieurs couches de nuages, que les nuages inférieurs se dirigent contrairement aux nuages supérieurs, et que les nuages intermédiaires paraissent immobiles. Cette observation, que j'ai faite fort souvent, s'accorde parfaitement avec l'expérience de Franklin, citée dans une lettre adressée à M. Faujas de Saint-Fond :

« ...... Il y parlait de deux chambres, dans l'une desquelles l'air était plus échauffé que dans l'autre, et entre lesquelles on ouvrit une porte de communication; on plaça dans l'ouverture de cette porte trois bougies allumées, une au haut, une autre au bas, et la troisième au milieu de la hauteur de l'ouverture. On vit aussitôt s'établir deux courants d'air, l'un supérieur et l'autre inférieur, qui avaient des directions opposées. L'air de la chambre la plus échauffée passait dans la chambre la plus froide par le haut de l'ouverture de la porte, et chassait la flamme de la bougie la plus élevée du côté de la chambre la plus froide. L'air de la chambre la plus froide, au contraire, passait dans la chambre la plus chaude par le bas de cette ouverture, et poussait la flamme de la bougie la plus basse du côté de la chambre la plus chaude, tandis que la flamme de la bougie qui était au milieu de la hauteur de l'ouverture, resta absolument tranquille.

» Ce qui se passe en petit dans cette jolie expérience, doit nécessairement arriver en grand dans tout fluide dans lequel il existe deux courants dont l'un est supérieur à l'autre, et qui ont des directions opposées, parce que la couche supérieure du courant inférieur fait effort pour pousser la couche inférieure de la zone qui se trouve entre ces courants dans le sens de sa direction, tandis que la couche inférieure du courant supérieur fait effort pour pousser la couche supérieure de la zone mitoyenne en sens contraire. Le repos absolu de cette zone doit être le résultat de ces deux forces égales et opposées..... »

La connaissance des courants atmosphériques sera extrêmement importante pour la navigation aérienne, — surtout s'il règne, au-dessus des vents généraux et périodiques, d'autres vents qui soufflent constamment dans une direction contraire. Espérons que l'expérience réalisera nos désirs!

CHAPITRE II.

DE L'ÉLECTRICITÉ ATMOSPHÉRIQUE.

Les aéronautes auront à traverser quelquefois des nuages électriques, pour se mettre à l'abri du mauvais temps, en s'élevant au-dessus, ou pour chercher un vent favorable, ou bien pour se placer dans la zone tranquille, intermédiaire entre deux courants d'air opposés. Le danger ne sera pas aussi grand dans ce cas qu'on le suppose généralement. Cette assertion est justifiée par des preuves théoriques et pratiques, dont voici les principales, extraites du *Dictionnaire de Physique* de MM. Monge, Cassini, Bertholon, etc., de l'Académie des Sciences :

(Page 51.) « De plus, un aérostat, en s'approchant d'un nuage électrique, se chargerait peu à peu du fluide électrique qui formait l'atmosphère de ce nuage, et ensuite environné d'une atmosphère électrique semblable, nulle étincelle ne pourrait éclater entre eux, lorsqu'ils sont électrisés de la même manière. »

(Page 90.) « La connaissance des météores est trop liée avec celle qui traite de l'électricité, pour qu'elle ne reçoive pas un nouvel éclat de la machine aérostatique. Un physicien zélé pour le progrès de nos connaissances, et cherchant à confirmer les brillantes découvertes du milieu de ce siècle par de nouvelles preuves qui leur donneront un nouvel accroissement, s'élèvera, par le moyen du globe aérostatique, jusque dans la région des orages; il y verra *intuitivement*, si l'on peut parler ainsi, l'électricité atmosphérique naître et s'accumuler, les éclairs se succéder, la foudre se former, s'étendre, s'élancer de nuages en nuages, les attirer, les repousser tour à tour, les réunir, les diviser alternativement, en les repoussant vers la terre pour la foudroyer, après leur avoir auparavant imprimé ces secousses violentes qui ébranlent l'atmosphère entière.

» Ceux qui ont voyagé sur les hautes montagnes, ont vu plusieurs fois la foudre se former sous leurs pieds : un de ceux qui se sont trouvés dans les circonstances les plus favorables, est le P. Lozeran. La description curieuse qu'il a donnée de ce météore, dans un temps où l'électricité n'était pas connue, annonce que de brillantes découvertes, dans ce genre, sont réservées à l'observateur hardi, qui le premier, sur les ailes du globe aérostatique, s'élancera dans ces hautes régions où se forment les tempêtes. Quel plaisir! et comme il sera doux pour l'heureux physicien qui aura à sa disposition un globe convenable! Quelle satisfaction d'être au sein des orages et de la foudre, de braver ses carreaux sans avoir rien à redouter! car l'observateur aérostatique, électrisé par égalité avec le milieu environnant, c'est-à-dire au même degré de l'électricité que la moyenne région où il se trouvera, n'aura rien à craindre de la foudre, elle ne pourra point s'élancer sur lui. Ici l'observateur est électrisé comme la foudre; il en fait partie, et peut être, avec raison, appelé un *homme foudre*. Or, il est de principe, et l'expérience la plus constante démontre qu'un corps électrisé ne peut lancer une étincelle sur un autre, si celui-ci est électrisé de même que le premier.

» Comme plusieurs personnes peu familiarisées avec les expériences d'électricité, s'imaginent qu'un aérostat rempli de gaz inflammable (hydrogène), et élevé au milieu des nuages orageux et électriques, présenterait des dangers, surtout si une étincelle électrique s'y portait, pour dissiper ces craintes, j'ai fait les expériences suivantes :

» Après avoir rempli un petit globe aérostatique de gaz inflammable, combiné avec l'air atmosphérique dans les proportions convenables pour opérer la plus forte détonnation, je l'ai placé sur le premier conducteur, et quelqu'ait été le temps de la première électrisation, il n'y a point eu d'inflammation ni de détonnation; on a répété l'expérience avec des aérostats semblables, faits : 1° en taffetas; 2° en papier; 3° en métal, et le résultat a toujours été le même.

» Afin de confirmer cette assertion par d'autres expériences, j'ai présenté des pointes métalliques et des tiges arrondies à la surface de ces globes divers, pour en tirer des aigrettes et des étincelles, et jamais la détonnation n'a eu lieu. Pour montrer ensuite que cet air était réellement inflammable, j'ai retiré ce globe de dessus le conducteur, et par un autre procédé j'ai opéré la détonnation. On peut répéter très-facilement cette expérience avec un pistolet de Volta.

« Pour la rendre encore plus concluante, j'ai fait traverser dans l'intérieur d'un aérostat métallique, une longue tige de métal bien soudée aux deux insertions, à l'entrée et à la sortie; l'appareil rempli de gaz inflammable combiné avec celui de l'atmosphère, a été suspendu au conducteur par son extrémité supérieure; et soit qu'on l'ait électrisé à l'ordinaire, soit qu'on ait attaché au bout inférieur de la tige une chaîne qui traînait sur le plancher ou qui en était peu éloignée, soit qu'après avoir ôté la chaîne on ait tiré des étincelles de différents points de la tige qui traversait le vase, et de ce dernier également; soit enfin qu'on ait déchargé une bouteille de Leyde par la tige de l'appareil, il n'y a eu aucune détonnation. Par le procédé dont nous avons parlé ci-dessus, on a ensuite allumé le gaz inflammable contenu, en tirant une étincelle d'une petite tige de cuivre renfermée en partie dans un tuyau de verre, et insérée dans le petit aérostat à la manière des pistolets électriques; et pour le dire en passant, ces expériences prouvent également qu'il n'y a aucun danger de faire traverser les paratonnerres dans les fosses d'aisances et dans les magasins à poudre, les tiges des paratonnerres étant prolongées au-delà de ces endroits, sans aucune solution de continuité, et aboutissant, comme on le fait ordinairement, à des eaux stagnantes. L'expérience a complètement confirmé cette vérité, lorsque j'ai rempli non-seulement de gaz inflammable, mais encore de poudre, les appareils qui représentaient ces divers bâtiments. »

Je ne peux mieux terminer ce chapitre, qu'en empruntant au livre de MM. Julien Turgan et Gérard de Nerval, une partie d'une lettre de Testu-Bressy, qui passa toute une nuit en ballon, au milieu d'un orage épouvantable, sans aucun accident.

(Page 108.) « ...... A 6 heures 45 minutes, je m'abaissai aux environs de l'abbaye de Royaumont, et me tins, pendant un certain temps, à très-peu de hauteur de terre, en suivant la rivière d'Oise; 12 minutes après, je jetai du lest et m'élevai à 374 toises; le termomètre était à 15 degrés, l'hygromètre à 45 degrés. A 8 heures je mis pied à terre entre Ecouen et Wariville, pour me débarrasser du support de mes rames et me munir de lest; j'y fus aperçu par des chasseurs, qui accoururent à moi et m'instruisirent du lieu où j'étais. En partant de ce lieu, je me trouvai, à la hauteur de 678 toises, dans des nuages électriques, au-dessus desquels je m'élevai. Le thermomètre était à 5 degrés au-dessous de la congélation; les bords de mon char étaient couverts de grésil; j'étais obligé d'en rejeter la neige et les grêlons qui m'appesantissaient.

« La nuit étant arrivée, je m'abaissai un peu et me trouvai au milieu des nuages, d'où partaient à chaque instant des éclairs accompagnés d'un tonnerre violent.

Je me trouvais attiré et repoussé par les nuages chargés en plus ou moins d'électricité. Mon pavillon, qui portait les armes de France en or, était étincelant de lumière. Suivant l'élévation où je me portais, je reconnaissais l'électricité positive ou négative, à l'aide d'une pointe de fer placée dans mon char : il sortait de cette pointe une gerbe de feu, lorsque l'électricité était positive; quand je m'élevais un peu plus haut dans le nuage, la pointe de fer n'offrait qu'un point lumineux, parce que l'électricité était négative.

» Je restai plus de trois heures dans le nuage orageux sans éprouver d'autre accident que la perte d'une partie de la dorure de mon drapeau, qui fut troué par la force de l'électricité naturelle; on voit que le tonnerre m'a fait beaucoup moins de mal que les paysans de Montmorency. Le calme ayant succédé à l'orage, je restai longtemps comme stationnaire. Je profitai de ce calme pour manger en attendant le jour; alors, me trouvant manquer de lest, je descendis à quatre heures moins un quart dans le village de Camprein, où je fus accueilli de la manière la plus affable par le curé de ce lieu. »

QUATRIÈME SECTION.

DIRECTION ATMOSPHÉRIQUE.

Après avoir décrit les moyens de locomotion et la manœuvre, nous devons nous occuper de la *Direction* de la locomotive, c'est-à-dire de la manière de la conduire d'un lieu à un autre déterminé à l'avance; car la translation ne servirait à rien, si l'on ignore le point du globe au-dessus duquel on navigue.

Je n'ai point la prétention de traiter à fond ce grave sujet; je n'en parle que pour éveiller l'attention des savants, qui ne tarderont pas, sans doute, à présenter un traité complet de navigation atmosphérique, renfermant en outre des connaissances nécessaires à la direction des vaisseaux, une foule d'observations astronomiques, inutiles au marin, il est vrai, mais très-importantes pour le pilote-aéronaute. Il faudra aussi compléter la *Connaissance des temps* et les tables qui facilitent les calculs des observations. On comprend que la grande élévation de l'observateur modifiera tous les résultats, par rapport à la dépression de l'horizon, à la parallaxe, à la réfraction, etc. Entrons dans quelques détails relativement à la réfraction.

Le lecteur sait que la *réfraction* est la propriété qu'a l'atmosphère de rompre les rayons de lumière, de les détourner de la direction qu'ils suivaient avant d'y pénétrer. L'effet de la réfraction, contraire à celui de la parallaxe, fait paraître les astres plus élevés qu'ils ne le sont réellement. Plus les astres sont près de l'horizon, plus la réfraction est grande, leurs rayons ayant alors une plus grande quantité d'air à traverser; la réfraction diminue à mesure que l'astre s'élève; elle est nulle au zénith, parce que les rayons pénétrant l'atmosphère perpendiculairement ne peuvent être réfractés. La réfraction horizontale élève les astres de 33′; c'est pourquoi les astres paraissent à l'horizon quoiqu'ils soient encore au-dessous. L'aurore et le crépuscule sont produits par l'atmosphère, qui rompt les rayons du soleil et les réfléchit vers la terre; l'aurore commence, et le crépuscule finit, lorsque le soleil est 18° au-dessous de l'horizon. La densité de l'air influe beaucoup sur la réfraction; ainsi, la réfraction est plus grande en hiver, où l'air est plus dense, qu'en été; et les rayons sont moins réfractés dans les régions élevées, où l'air est plus rare, que près de la terre. Les vapeurs qui s'élèvent de la terre augmentent la réfraction; aussi, elle varie davantage à la surface du globe que partout ailleurs, parce que les vapeurs y sont en plus grande quantité et plus variables que dans les hautes régions. Les réfractions augmentent et diminuent en même temps que le poids de l'atmosphère; le froid augmente la réfraction, et la chaleur la diminue.

D'après cela, on voit que les réfractions seront plus variables pour l'aéronaute, observant à des hauteurs différentes, que pour le marin, qui ne change pas d'élévation. La lumière des astres élevés au-dessus de l'horizon, reçue par l'aéronaute, est nécessairement moins réfractée que celle reçue par le marin; car, plus l'observateur est élevé, moins la lumière doit traverser d'air pour lui parvenir. En effet, un rayon traverse toute l'atmosphère pour parvenir à l'observateur terrestre, tandis qu'il ne parcourt qu'une partie de l'atmosphère pour arriver à l'aéronaute. La réfraction horizontale diffèrera aussi, les rayons de lumière ne parvenant pas à l'aéronaute horizontalement, comme au marin, en traversant seulement l'air de la surface de la terre; ils lui parviendront, en parcourant une plus grande partie de l'atmosphère obliquement de bas en haut, en passant d'abord dans l'air dense et chargé de vapeur de l'horizon, puis, dans l'air raréfié des régions supérieures; de manière que le rayon parti de l'horizon se réfractera d'abord beaucoup, ensuite, de moins en moins, à mesure qu'il atteindra une couche d'air plus élevée. En un mot, ce rayon se réfractera à l'opposé de la réfraction ordinaire, qui est de plus en plus forte en traversant l'atmosphère, dont la densité augmente en se rapprochant de la terre. L'heure du lever et du coucher des astres variera également selon l'élévation de l'observateur.

En voilà asez, je crois, pour démontrer combien il sera indispensable que les savants étudient cette intéressante question; car la navigation aérienne est impossible sans les observations astronomiques, et les observations astronomiques sont nulles, si l'on ne connaît pas les erreurs relatives à chaque circonstance.

Cela posé, passons à la partie pratique.

La boussole, instrument principal de toute navigation, indiquera toujours la route, qu'on aperçoive ou non la terre.

Comme l'électricité a beaucoup d'influence sur l'aiguille aimantée, il sera nécessaire d'avoir plusieurs boussoles, afin de les vérifier les unes par les autres. J'ai observé plusieurs fois en mer, dans un temps d'orage, que la boussole qui était sur le pont devenait *folle,* c'est-à-dire tournait toujours, pendant que celle qui était suspendue dans la chambre continuait d'indiquer le pôle nord. Ce fait indique l'utilité d'avoir des boussoles de rechange, enveloppées de matières isolantes, et placées séparément dans plusieurs parties de la locomotive. L'influence de l'électricité sur la boussole est certainement à redouter; mais elle l'est davantage pour les marins que pour les aéronautes : sur mer, dans un temps nuageux ou brumeux, il est impossible de diriger le navire sans la boussole; tandis que les aéronautes s'orienteront approximativement au moyen des astres, en s'élevant au-dessus des nuages ou du brouillard.

Quant à la diminution de la propriété magnétique à mesure qu'on s'élève, elle n'est nullement à craindre. Cette vérité a été confirmée par les expériences de MM. Biot et Gay-Lussac, consignées dans les relations de leurs voyages aérostatiques, dont je rapporte quelques passages :

1er VOYAGE.

« Notre but principal était d'examiner si la propriété magnétique éprouve quelque diminution appréciable quand on s'éloigne de la terre. Saussure, d'après des expériences faites sur le *Col du Géant*, à 3435 mètres de hauteur, avait cru y reconnaître un affaiblissement très-sensible, et qu'il évaluait à $^{1}/_{5}$. Quelques physiciens avaient même annoncé que cette propriété se perd entièrement quand on s'éloigne de la terre, dans un aérostat. Ce fait étant lié de très-près à la cause des phénomènes magnétiques, il importait à la physique qu'il fût éclairci et constaté.

» Pour décider cette question, il ne faut qu'un appareil fort simple : il suffit d'avoir une aiguille aimantée, suspendue à un fil de soie très-fin; on détourne un peu l'aiguille de son méridien magnétique, et on la laisse osciller : plus les oscillations sont rapides, plus la force magnétique est considérable.

» Voici le résultat du nombre des oscillations à diverses hauteurs :

Mètres.	*Oscillations.*	*Temps.*
à 2897	5	35″
3038	5	35″
2862	10	70″
3145	5	35″
3665	5	35,5
3589	10	68″
3742	5	35″
3977 (2040 toises)	10	70″

« A 3038 mètres, la même expérience, répétée trois fois, s'est toujours rapportée à la première. Toutes ces observations, faites dans une colonne de plus de 1000 mètres de hauteur, s'accordent à donner 35″ pour la durée de cinq oscillations. Ces résultats établissent avec certitude *que la propriété magnétique n'éprouve aucune diminution appréciable depuis la surface de la terre jusqu'à 4000 mètres de hauteur. Son action, dans ces limites, se manifeste constamment par les mêmes effets et suivant les mêmes lois.* »

2e Voyage, *où M. Gay-Lussac s'éleva à 7016 mètres au-dessus du niveau de la mer.*

« On peut donc conclure, généralement, que la constitution de l'atmosphère est la même depuis la surface de la terre jusqu'aux plus grandes hauteurs auxquelles on puisse parvenir. Voilà les deux principaux résultats que j'ai recueillis dans mon dernier voyage. J'ai constaté le fait que nous avions observé, M. Biot et moi, sur la permanence sensible de l'intensité de la force magnétique lorsqu'on s'éloigne de la surface de la terre, et de plus, je crois avoir prouvé que les proportions d'oxygène et d'azote qui constituent l'atmosphère, ne varient pas non plus sensiblement dans des limites très-étendues. Il reste encore beaucoup de choses à éclaircir dans l'atmosphère, et nous désirons que les faits que nous avons recueillis jusqu'ici, puissent assez intéresser l'Institut, pour l'engager à nous faire continuer nos expériences. »

Pour répondre à toutes les objections qu'on peut faire sur l'usage de la boussole comme moyen de direction atmosphérique, il me reste à parler de sa déclinaison.

La variation du compas est-elle la même dans les hautes régions de l'air que sur la terre? Cette question n'est pour nous que très-secondaire, malgré sa valeur scientifique; car, en supposant une différence, elle ne peut être importante; d'ailleurs, on la déterminera par l'observation des astres, tout comme les marins le font à la mer.

Les cartes marines indiquent la variation du méridien magnétique dans les principaux parages de la mer; les cartes des aéronautes, réduites comme celles des marins, devront indiquer en outre les variations qui ont lieu dans les principales villes du monde, afin de les comparer aux résultats des observations; elles indiqueront aussi avec exactitude la position et la hauteur des montagnes, écueils de la nouvelle navigation. Les marins ne peuvent pas toujours éviter les rochers, les bas-fonds et les côtes; mais les aéronautes évitent les montagnes en s'élevant au-dessus.

Navigation aéro-terrestre.

Lorsqu'on naviguera en vue de terre, la direction d'une machine aérienne n'offrira pas de difficulté sérieuse. On connaîtra la vitesse ou le sillage, par l'éloignement des objets terrestres, qui paraîtront fuir plus ou moins vite. Avec un peu d'habitude, on parviendra à estimer le chemin en regardant seulement le sol, comme le marin expérimenté connaît sans le *loch* le nombre de nœuds que file le navire, en observant le courant de l'eau le long du bord; mais avant il faudra employer des moyens plus sûrs. Ainsi, on mesurera l'angle de la dérive, lorsqu'il y en aura, en relevant au compas des parties apparentes de la terre, et l'on estimera le chemin par le procédé suivant :

En mesurant l'angle formé par un point quelconque *P* (fig. 25), placé en avant de la route, et la verticale *V* passant par l'observateur *O*, on aura un triangle rectangle *OVP*, dont on connaîtra les deux parties nécessaires à sa résolution, savoir : l'angle mesuré *VOP* et un côté *VO*, représenté par la hauteur où l'on sera ; l'angle droit, qui est connu, sera formé par la verticale et le terrain; l'angle aigu mesuré fera connaître l'autre, car les deux angles aigus d'un triangle rectangle valent ensemble un angle droit; il ne restera donc plus qu'à déterminer par le calcul la valeur du côté cherché *VP*, qui indiquera le chemin terrestre qu'on aura parcouru lorsqu'on sera arrivé au-dessus du point *P*; ce qu'on fera par cette proportion :

$$R : tang.\ VOP :: VO : VP.$$

Si l'objet observé sur la terre, au lieu de se trouver

entièrement en avant, est placé à la fois en avant et sur le côté, on tracera sur le papier un triangle rectangle (fig. 24) qui aura pour hypothénuse la distance mesurée *VP;* l'angle droit, opposé à l'hypothénuse, sera formé par une ligne partant de l'objet *P*, et coupant perpendiculairement la direction de la route *VR*. Quand on sera en travers de l'objet, c'est-à-dire au sommet de l'angle droit, ce qu'on reconnaîtra par la boussole, il sera facile de savoir le chemin parcouru, soit par le calcul, ou en rapportant sur une échelle de proportion ou sur la carte, le côté *VR* du triangle rectangle *VRP* qui représente le chemin.

En mer, l'espace mesuré pendant les 30″ que dure l'expérience du loch sert à estimer le sillage, tant que le vaisseau ne paraît pas changer de vitesse; pour nous aussi, tant que les circonstances resteront les mêmes, le résultat d'une seule observation fera connaître le chemin parcouru, en disant :

Le temps qu'on a mis à parcourir la distance mesurée est à cette même distance, comme le temps écoulé avant ou après l'observation est à X.

L'estime du chemin obtenue de cette manière sera plus exacte que celle des marins, le bateau du loch jeté à la mer ne représentant pas un point fixe, puisqu'il est entraîné par les courants, la lame, les vents, etc.; et de plus, le chemin fait par un vaisseau pendant 30″, étant infiniment petit comparativement à celui que les aéronautes mesureront d'une seule fois, il s'ensuit qu'une légère erreur dans l'expérience du loch, produit à la longue une grande différence dans l'estime, ce qui ne peut arriver dans les voyages aériens.

Les aéronautes corrigeront le chemin estimé, comme

les marins, en observant la latitude et la longitude par les hauteurs et les distances; ils profiteront, en outre, des indications des habitants des pays qu'ils traverseront. La différence entre l'heure observée et celle indiquée par un chronomètre procurera encore la longitude, en convertissant cette différence en degrés et minutes, à raison de 15° par heure, eu égard à l'équation du temps.

Les données pour faire le point se trouveront réunies dans un journal divisé par colonnes, dans lequel chaque officier enregistrera après son quart : les heures, les vents, les directions suivies au compas, le chemin, les hauteurs où l'on aura navigué, la dérive lorsqu'il y en aura, la variation de la boussole si elle a été observée, la vitesse verticale ascendante ou descendante, enfin les manœuvres et les observations diverses.

L'estime du chemin sera exacte tant qu'on verra la terre; elle sera grossière lorsqu'on naviguera dans le brouillard, au-dessus des nuages, ou dans une nuit obscure. On comprend, en effet, qu'un ballon *ordinaire* plongé dans l'obscurité ou dans un brouillard épais, doit paraître immobile à l'aéronaute pour lequel la boussole n'est plus d'aucune utilité, puisqu'il ignore la force et la direction du vent qui l'entraîne. Il est vrai qu'il n'en sera pas ainsi pour nous : la boussole indiquera toujours la route; mais, dans ce cas, on ne pourra estimer le chemin que relativement au vent. Ce contre-temps sera analogue à celui que les marins éprouvent quand ils sont entraînés à leur insu par un courant ignoré. Les dangers qui peuvent résulter d'une estime grossière sont moins grands pour les aéronautes que pour les marins : ces derniers sont très-exposés près des côtes s'ils restent quelque temps sans observation, tandis que les aéronautes n'ont rien à craindre en naviguant au-dessus des points dangereux. C'est encore par l'observation des astres, que les aéronautes corrigeront l'estime lorsqu'ils ne connaîtront pas la force du vent.

Le vent étant presque nul lorsque le brouillard est épais, la vitesse que paraîtra avoir le brouillard indiquera approximativement le sillage, pourvu que l'observateur soit sur la chaloupe qui sera hors du remous que produira la locomotive. Du reste, connaissant la vitesse de l'appareil dans un temps calme, on supposera avoir la même vitesse chaque fois que le vent sera calme et qu'on ne verra pas la terre.

Les aéronautes se trouveront rarement au milieu du brouillard, pouvant s'élever au-dessus, où ils auront toujours la vue des corps célestes, ce qui aidera beaucoup à la direction.

Lorsqu'on ne verra pas la terre, on estimera la vitesse et la direction du sillage dans un temps calme, ou relativement au vent dans un temps quelconque, en abandonnant à l'air de la fumée, du duvet ou des ballons en baudruche. Si la nuit était très-obscure, ces ballons porteraient une bougie, qui ne s'éteindrait pas ayant la vitesse du vent; toutefois la lumière phosphorique est préférable à celle des matières combustibles. En retenant un petit ballon avec une ligne à nœuds mesurée d'avance, on aura un loch aérien qui remplira le même emploi que les moyens précédents; on ne comptera les nœuds filés qu'après que le ballon sera hors du remous.

On connaîtra la direction des courants supérieurs en lançant des ballons en baudruche gonflés avec du gaz très-léger. Des parachutes en papier indiqueront la direction des vents inférieurs.

Navigation hydro-aérienne.

La direction des machines aériennes au-dessus de l'Océan, ne différera en rien de la direction au-dessus de la terre. Si, dans cette dernière navigation, on a l'avantage des indications des habitants de la terre, on communiquera aussi avec les habitants de la mer, et plus souvent même que les marins entre eux pour échanger leurs longitudes, parce que le vaste horizon des aéronautes permettra d'apercevoir un grand nombre de navires.

L'estime du chemin se calculera au-dessus de la mer par la méthode déjà indiquée pour la navigation aéro-terrestre, c'est-à-dire qu'on mesurera l'angle formé par un point supposé fixe sur la surface de la mer et la verticale passant par l'observateur. Un corps flottant sur l'eau pourra représenter ce point fixe, pourvu que sa partie apparente offre très-peu de prise au vent et soit en même temps visible de très-loin malgré les vagues; il sera nécessaire que les objets qu'on jettera à la mer soient très-légers, pour que leur perte souvent répétée ne puisse trop alléger la locomotive. Toutes ces conditions se trouvent réalisées par la bouée dont la description suit :

Cette bouée (fig. 21) consiste en quatre listeaux, formant un châssis ou cadre d'un mètre carré, partagé en deux parties égales par un cinquième morceau de bois, au milieu duquel s'élève un mât en roseau de deux mètres de long, assujetti sur un goujon par quatre ficelles amarrées comme des galhaubans à chaque coin du châssis; au sommet de ce mât se trouve une petite girouette; quatre ficelles partant des coins se réunissent en patte d'oie à un mètre au-dessous du châssis, et à leur point de réunion est amarrée une longue ligne qui soutient un petit sac contenant 500 grammes de sable; ce lest maintiendra constamment tout l'appareil dans le sens vertical, soit sur l'eau ou pendant qu'il descend dans l'air; évidemment le lest tombera toujours le premier, ayant plus de pesanteur spécifique que le reste de la bouée. Le sac de sable sera suspendu à 30 mètres au-dessous du châssis, afin qu'il puisse atteindre l'endroit de la mer qui est toujours tranquille, et faire l'effet d'une ancre qui résistera à l'entraînement du vent et de la lame. L'agitation de la mer étant occasionnée par le vent, il s'ensuit que l'épaisseur de la couche d'eau agitée varie suivant la force du vent; cependant elle dépasse rarement 30 mètres de profondeur. Les grandes bouées pèseront en tout un kilo et demi, et les petites pour le temps calme seulement demi kilo; comme on les abandonnera à la mer, elles seront grossièrement faites; en ne les rabotant pas, l'eau résistera davantage : elles coûteront 30 centimes chaque.

On lancera les bouées de dessus la chaloupe; offrant très-peu de surface à la résistance de l'air, elles tomberont presque verticalement; néanmoins, on devra apprécier la distance horizontale que le vent leur fera franchir avant d'atteindre l'eau, ou on leur donnera, en les jetant, une impulsion opposée au vent. On écrira l'heure et la minute du lancement de chaque bouée; puis, lorsqu'on sera tellement éloigné qu'on commencera à ne plus apercevoir à la simple vue la girouette placée au sommet du mât en roseau, on mesurera l'angle formé par cette girouette *B* (fig. 26), l'observateur *O*, et la verticale *V*; cela fait, on calculera, comme il a été déjà dit, le chemin parcouru *BV* relativement à la surface de la mer, représenté par la distance horizontale de la bouée :

$$\mathrm{VB} = \frac{tang.\ \mathrm{VOB} \times \mathrm{VO}}{\mathrm{R}}$$

ou $log.\ tang.\ VOB + log.\ VO - log.\ R = log.$ de VB.

Aussitôt l'angle mesuré, on comptera le temps écoulé depuis le commencement de l'expérience; connaissant alors le chemin parcouru dans un temps déterminé, il sera facile de conclure le chemin qu'on fera dans tout autre laps de temps, en supposant que la vitesse continue d'être la même; car chaque fois que la locomotive changera de vitesse, il faudra, à l'exemple des marins, répéter l'expérience.

Il est indifférent de mesurer un espace avant ou après l'avoir parcouru; pourtant il sera plus avantageux de mesurer la distance déjà *parcourue* sur mer ou sur terre, comme nous venons de l'indiquer (fig. 26), l'estime se trouvant ainsi naturellement corrigée de la dérive, lorsqu'il y en aura, puisque la distance de la locomotive au point de départ, représenté par la bouée ou par l'objet observé sur la terre, indiquera la vraie route. En effet, l'angle de la dérive sera formé par la route apparente avec la route vraie, obtenue par le relèvement au compas, de la bouée ou de l'objet terrestre.

En abandonnant au vent un corps léger, tel qu'un parachute en papier, et en prenant pour point de comparaison un objet quelconque de la terre, ou une bouée sur la mer, on aura la direction véritable et la vitesse du vent en mesurant la distance entre ce point de comparaison et le parachute au moment où il touche le sol ou l'eau; le temps que durera l'expérience donnera la vitesse du vent. Au-dessus de la terre, on lancera le parachute lorsqu'on sera au-dessus de l'objet pris pour point de départ; et en mer, on le lancera un peu avant la bouée.

Si la nuit est trop obscure pour qu'on puisse voir la girouette, on la frottera avec un phosphore ou l'on assujettira à sa place une matière combustible, à laquelle une mèche ne communiquera le feu qu'un certain temps après que la bouée sera sur l'eau, de manière que par une seule observation et un simple problême de trigonométrie, les aéronautes puissent mesurer un espace de cinq lieues au moins, même dans un temps brumeux.

Mesure de la vitesse verticale.

On mesurera la vitesse ascensionnelle et descensionnelle avec un instrument construit sur les principes d'un anémomètre. *Le vent vertical relatif*, que produira en montant et en descendant la résistance de l'air sur un anémomètre convenablement placé, se mesurera aussi facilemant que le vent véritable sur la terre.

Cette machine, mesurant la vitesse verticale, indiquera conséquemment, à tout instant, la hauteur où l'on se trouvera, avec plus de précision même que le baromètre, qui ne marque que la pression atmosphérique. Toutefois, le baromètre sera indispensable pour vérifier les résultats donnés par l'instrument, résultats qui seront faux lorsqu'on éprouvera, par hasard, un vent vertical, tel que celui qui s'élève du sein de la terre ou des eaux.

Cet appareil se compose d'un mouvement d'horlogerie très-simple, fonctionnant par une turbine qui tourne par la résistance de l'air en montant et en descendant. Il est clair que la rotation de la turbine est en raison de la rapidité de l'ascension ou de la descente; en sorte que plus la vitesse verticale est grande, plus la turbine tourne promptement, et plus aussi l'aiguille fixée à l'axe d'une roue parcourt de divisions d'un cadran. L'aiguille tourne de gauche à droite dans l'ascension, rétrograde dans la descente, la turbine tournant aussi du côté opposé; et enfin, elle demeure immobile, si l'on ne change pas de hauteur, la turbine ne recevant alors aucun mouvement. Pour que la machine soit à l'abri du vent ordinaire, elle est suspendue comme les compas et les lampes marines, dans un cylindre ouvert en haut et en bas en entonnoir, et qui est assez large pour que l'instrument se mette d'aplomb par son poids lorsque la locomotive s'inclinera. Une petite porte vitrée permet de voir dans le cylindre le cadran sur lequel l'aiguille marque constamment la vitesse verticale et la hauteur exprimée en mètres [1]. Les

[1] En plaçant cet appareil dans le sens horizontal, les aéronautes auraient la mesure du chemin relativement au vent. Les marins pourraient employer un instrument analogue pour mesurer le sillage; car la rotation d'une turbine plongée dans l'eau sera proportionnelle à la vitesse du navire. Supposons une petite turbine en fer, placée au-devant du navire à une profondeur suffisante pour être ordinairement submergée, malgré le tangage. Cette turbine, nullement influencée par le remous, indiquera constamment la vitesse, sans demander aucun travail; au

degrés du cadran ne sont pas tous égaux; ils suivent une progression décroissante qui balance à peu près la décroissance de la densité de l'air, à mesure qu'on s'élève; car, la résistance des fluides étant comme leur densité, il s'ensuit que la turbine éprouve d'autant moins de résistance qu'on monte davantage, et, par conséquent, avec une égale vitesse verticale, elle tourne moins vite dans les hautes régions de l'atmosphère que près de la terre, où l'air est beaucoup plus dense.

Quant à l'inclinaison si utile de la locomotive, elle sera indiquée sur un arc gradué par un fil-à-plomb, tenu à l'abri du vent. On pourra ainsi proportionner l'inclinaison au degré nécessaire de vitesse verticale ou horizontale.

moyen d'une vis sans fin, elle fera pivoter sur elle-même une tringle en fer, qui remontera à la hauteur du pont pour faire agir un mouvement d'horlogerie.

Autrement, les marins pourraient avoir un *loch-compteur*, qu'on jetterait à la mer comme le loch ordinaire. La turbine et le mécanisme seraient établis au-dessous d'une petite pièce de bois allongée, retenue par une corde. Une ligne retenue aussi à bord fera jouer un ressort qui laissera fonctionner la turbine ou l'arrêtera à volonté. Quant à la manœuvre : on laissera dériver l'appareil jusqu'à ce qu'il soit hors du remous; puis, on le retiendra seulement par la ligne fixée au ressort. La résistance de l'eau faisant ployer le ressort, la turbine tournera aussitôt. Lorsque le temps de l'expérience sera écoulé, on ramènera l'appareil par la corde seulement. Le ressort n'étant plus retenu, se débandera et arrêtera la turbine, de manière que le chemin parcouru se trouvera indiqué en mètres, ou en toute autre mesure proportionnelle. En tenant au bout d'une perche le loch-compteur au-devant du navire, le ressort sera inutile, puisqu'on pourra faire fonctionner la turbine ou l'arrêter à volonté, en la plongeant ou en la retirant de l'eau.

CINQUIÈME SECTION.

DEVIS DES DIMENSIONS ET DES POIDS.

CHAPITRE Ier.

DEVIS DES DIMENSIONS.

Dimensions générales.

Longueur de la locomotive .... *Mètres.*	200
Hauteur totale	60
Largeur totale	62

Relativement à la résistance de l'air, la locomotive peut être considérée comme formant un prisme ayant en

Surface horizontale	12,000
— verticale, latérale d'un côté	3,000
— verticale d'une des bases	300

Enveloppe.

Longueur totale	200
Diamètre du cylindre	40
Longueur du cylindre	150
Hauteur des deux cônes qui ferment le cylindre, chaque	25

Charpente supérieure.

Longueur	200
Largeur en dehors des côtés suspendus au filet	41,5
— en dedans *dito* *dito*	40
— totale	62

Galerie-manœuvre.

Longueur	150
Largeur du plancher	2

Galerie des passagers.

Longueur	150

Largeur totale ... *Mètres.*	44
— du pont du milieu...	38
— du plancher...	3

Mâts d'assemblage.

Hauteur du mât du milieu...	60
— des deux autres...	58

Cylindres et gazomètres.

Longueur...	12
Diamètre...	2

Épaisseur de la tôle, 1 ligne.

Résisteurs.

Longueur des 12 résisteurs...	520
— avec l'ampleur nécessaire...	600
Largeur...	3

Hélices.

Longueur...	8
Rayon...	2
Longueur des 16 hélices...	128

Cônes.

10 Cônes d'un diamètre de...	10
et d'une hauteur de...	2
6 Cônes d'un diamètre de...	5
et d'une hauteur de...	1

Chaloupe.

Longueur...	15

Embarcations.

6 Embarcations légères d'une longueur de...	10
2 *dito* en tôle *dito*...	12

Les huit embarcations seront insubmersibles.

Chambres.

Longueur...	30
— des quatre chambres...	120
Largeur...	2
Hauteur...	3

CHAPITRE II.

DEVIS DES POIDS,

ou estimation approximative de ce qui composera la construction et l'armement de notre locomotive.

Données.

1 Mètre carré d'étoffe vernie pèse	*Kilog.*	0,250g
1 *Dito* de toile vernie		0,300
1 *Dito* de toile forte, peinte		0,500
1 Décimètre cube de bois blanc		0,650
1 *Dito* de bois de châtaignier		0,670
1 *Dito* de bois de frêne		0,840
1 *Dito* de bois de chêne		0,910
1 Mètre carré de tôle de 1 ligne d'épaisseur		17,586
1 Mètre cube d'air		1,300
1 *Dito* de gaz épuré		0,260

Devis des poids.

32,800 Mètres carrés d'étoffe pour l'enveloppe..	*Kilog.*	10,000
Filet		3,500
Charpente supérieure		5,000
Galerie de l'équipage		7,000
— des passagers		10,000
3 Mâts		6,000
7 Cylindres métalliques et accessoires		14,000
Machines et turbines		10,000
16 Hélices		1,000
2,000 m. carrés toile enduite pour les résisteurs, etc..		1,000
16 Cônes composés de 1,200 mètres toile enduite, etc.		800
Chaloupe		12,000
6 Embarcations légères		1,000
Câbles, grelins, aussières et autres cordages		5,500
4 Grappins		400
Grappins d'abordage, gaffes et ancres hydro-aériennes.		1,000
A reporter	*Kilog.*	88,200

Report	*Kilog.*	88,200
Parachutes et bouées d'observation		100
Appareils et matières nécessaires à la production du gaz.		4,000
Boussoles, instruments divers, et chronomètres........		100
Objets imprévus		300
Poids de la locomotive................	*Kilog.*	92,700

Calcul de la force d'ascension.

Poids de la locomotive...............................	*Kilog.*	92,700
de 157,119 mètres cubes de gaz....................		40,850
de la locomotive et du gaz...........................		133,550
A déduire du poids de 157,119 mètres cubes d'air.....		204,250
Force d'ascension....................................		70,700
1,000 Personnes à 70 kilog.........................		70,000
Force ascensionnelle définitive............	*Kilog.*	700

OBSERVATIONS.

1. — La capacité de l'appareil serait de 209,492 mètres cubes; je n'ai pris que les $^3/_4$ de cette quantité pour le gaz et pour l'air, la locomotive ne devant être gonflée qu'aux $^3/_4$; entièrement gonflée, elle porterait près de 2,000 personnes.

2. — Si, au lieu d'être divisée en cinq sections, la locomotive était composée d'aérostats sphériques placés dans un cylindre d'étoffe, le tout rempli de gaz, elle porterait 80 personnes de moins; et si le cylindre était en cuir verni des deux côtés, ce qui serait très-avantageux par rapport à l'imperméabilité, à la force et à la durée d'une semblable enveloppe, la locomotive ne porterait que 700 personnes; mais, comme je l'ai déjà dit, en augmentant un peu sa longueur on com-

pensera l'augmentation de poids sans augmenter les résistances.

3. — Pour les voyages de long cours, la locomotive ne porterait pas au delà de 600 personnes, afin d'être surabondamment pourvue de toute espèce d'approvisionnements, et, surtout, de matières propres à produire du gaz, — le gaz étant à la navigation aérienne ce qu'est le combustible pour les bateaux à vapeur.

4. — La réalisation de ce projet coûterait environ 500,000 francs.

CONCLUSION.

Les moyens exposés dans ce Mémoire suffiront-ils pour résoudre le problème de la navigation aérienne? S'il m'était permis d'exprimer mon opinion, je répondrais affirmativement; mais il ne m'appartient pas de prononcer : je dois attendre le jugement des personnes compétentes, à l'appréciation desquelles je soumets mes travaux.

Malgré les erreurs que j'ai pu commettre, je ne redoute pas l'expérience; — elle ne peut être que favorable avec tant de moyens aussi simples que puissants, qui résument — outre mes idées — tout ce qui a été proposé de sérieux en aérostation.

Notre locomotive aérienne surmontera facilement un vent ordinaire, et avancera contre un vent d'une grande force, non pas en ligne directe, mais *en louvoyant à la fois horizontalement et verticalement.*

CHEMIN DE FER AÉROSTATIQUE.

CHEMIN DE FER AÉROSTATIQUE.

« Il n'y a de beau que le simple, et de bon que l'utile. »

PRINCIPE.

L'invention des aérostats conduit à des applications aussi utiles que variées. Parmi ces applications je signalerai la suivante, à laquelle je crois important de consacrer quelques développements, sous le double rapport de la théorie et de la pratique.

Je veux parler ici de la locomotion dans l'espace, au moyen d'un aérostat captif, assujetti à se mouvoir par des poulies sur une série de courbes funiculaires, c'est-à-dire sur un système de deux câbles en fer parallèles, fixés à des points élevés, et abandonnés à l'action de la pesanteur (fig. 25, pl. IV).

Il résultera de cet arrangement que l'aérostat *A*, tendant à s'élever par sa force ascensionnelle, glissera jusqu'à l'extrémité supérieure *P* des câbles *AP* en pressant contre la convexité des courbes. Le pavillon *P* étant franchi par un des procédés qu'on indiquera plus loin, si l'on surcharge l'aérostat d'un lest supérieur à sa force d'ascension, il descendra de *P* en *C* en vertu de sa pesanteur, et remontera par sa vitesse acquise jusqu'à un certain point *B* des câbles *PCp*. Pour continuer le mouvement et effectuer l'ascension jusqu'au point de suspension *p*, il suffira de jeter du lest de manière que le poids de l'appareil aérostatique soit moindre que le poids du volume d'air déplacé. La force accélératrice ascensionnelle sera donc

$$F = \pi - P - R.$$

π étant le poids de l'air;
P le poids de l'appareil aérostatique;
R la somme des résistances.

Les deux forces verticales d'ascension et de descente procureront ainsi la translation horizontale; car, à mesure que l'aérostat s'élèvera ou descendra, il avancera horizontalement par l'effet de l'inclinaison des câbles.

Tout le monde comprendra facilement le parti avantageux qu'on peut retirer d'un pareil système, pour franchir les fleuves, les déserts, les pics escarpés, etc., etc., et même pour suppléer les chemins de fer, partout où les brusques aspérités du sol rendent ces derniers inexécutables.

La première question, et la plus intéressante au point de vue scientifique, serait d'examiner les circonstances du mouvement d'un aérostat assujetti à se mouvoir le long d'une courbe, ou même d'une surface courbe; car dans la supposition actuelle, les câbles ne sont ni fixes, ni rigides. Cet examen aurait pour but la découverte de nouvelles lois de mécanique et de physique, concernant les mouvements curvilignes des corps à travers les fluides, et tenant compte de toutes les forces soit *mouvantes*, soit *résistantes*. Mais des spéculations aussi délicates, auraient besoin de s'appuyer sur des données expérimentales que nous ne possédons pas encore.

Deux autres questions, non moins importantes, sont heureusement plus claires et plus faciles à traiter. Je les développerai *in extenso;* et cela me conduit à diviser ce qui va suivre en deux parties principales.

Dans la première partie, je donnerai la description détaillée des constructions et des manœuvres; la seconde partie contiendra le devis des dépenses et des recettes probables.

PROLÉGOMÈNES.

La considération du mouvement d'un aérostat glissant, ou plutôt roulant le long d'un câble en fer fixé à ses deux extrémités, n'est pas aussi simple que cela semble au premier abord. Il ne s'agit pas du mouvement sur un plan incliné, mais sur une courbe provenant des tractions successives exercées en tous les points d'une *Chaînette*. En outre, plusieurs causes tendent à modifier ce mouvement, telles que le frottement, la résistance du milieu, les flexions produites par la pression, le poids des câbles qui s'abaissent d'un côté et se relèvent de l'autre, enfin les oscillations latérales résultant de l'action du vent.

Or, la théorie est loin d'avoir résolu toutes ces difficultés. Je ne sache pas que nos connaissances positives dépassent le mouvement libre, vertical et ascendant des ballons, et la descente des parachutes.

Le chemin de fer aérostatique consiste en une série

de câbles en fer, auxquels on laisse prendre la courbure que leur poids détermine, et dont les extrémités sont maintenues à des points fixes de part et d'autre de l'espace à franchir.

La tension des câbles doit être réglée de manière que la flèche de leur courbure ne soit pas trop grande, ce qui occasionnerait des vibrations incommodes pour la pratique; et le diamètre de leur section doit offrir une résistance suffisante à la flexion.

Je bornerai les calculs suivants au cas où les points d'appui des câbles sont à égale hauteur; alors, la courbe est symétrique. On en déduira facilement le cas d'une demi-courbe ayant à l'un de ses points une tangente horizontale, et celui d'une courbe quelconque.

Je considérerai une seule arche, l'établissement des autres étant soumis à des conditions analogues.

Supposons donc une corde en fil de fer (fig. 23) suspendue à deux supports d'égale hauteur, et abandonnée librement à l'action de la pesanteur. Dans l'état d'équilibre, la courbe produite est sensiblement une *chaînette,* dont l'équation est

$$y = \frac{m}{2}\left\{ e^{\frac{x}{m}} + e^{-\frac{x}{m}} \right\} \ldots\ldots$$

L'origine des coordonnées est en un point O situé au-dessous du point C le plus bas de la courbe, et sur la verticale qui passe par C. Cette verticale est prise pour axe des ordonnées y.

e est la base des logarithmes Népériens $= 2{,}718\ldots$

m est l'ordonnée à l'origine, c'est-à-dire OD, comme on le voit en faisant $x = o$ dans l'équation précédente, d'où $y = m$.

La distance horizontale AB des extrémités fixes est l'ouverture de l'arche; la distance verticale DC est la flèche qui divise la courbe en deux parties symétriques au point C.

Si l'on donne l'ouverture et la flèche, on pourra d'abord trouver $m = oc$, par la méthode des substitutions successives; ensuite, au moyen de m, on trouvera la longueur du câble et les autres éléments.

Prenons $AB = 1,000$ mètres,
$CD = 200$ —

Les coordonnées au point B de la chaînette, sont :

$$x = \frac{1}{2} AB = 500 \text{ mètres},$$
$$y = m + 200$$

D'où l'on déduit, en vertu de la formule ci-dessus :

$$CD = 200 = m \left\{ \frac{e^{\frac{500}{m}} + e^{-\frac{500}{m}}}{2} - 1 \right\}$$

Après quelques essais, on trouve que le nombre 655, substitué pour m, satisfait cette équation, et correspond à une flèche de 200^m . 191.

Pour avoir la longueur du câble, on applique la formule connue, dans laquelle les arcs commencent au point C :

$$S^2 = y^2 - m^2,$$

d'où, la demi-longueur du câble

$$= S = \sqrt{(855)^2 - (655)^2} = 549^m , 5,$$

ce qui donne pour longueur totale 1,100 mètres en nombre rond.

Pour avoir le poids d'un câble de cette longueur, prenons 100 brins de fil de fer à 0,090 kil. par mètre courant de fil; cela donne 9 kilog. pour le mètre de câble, et 9,900 kilog. pour son poids total.

On sait qne, pour chaque point de la chaînette, le rayon de courbure est exprimé par la formule :

$$R = \frac{y^2}{m}$$

Au point le plus bas C, où $y = m$, ce rayon de courbure $=$ 655 mètres. Au point le plus haut, on trouve 1,116 mètres. La différence de ces 2 rayons est trop grande, pour qu'on puisse assimiler la chaînette à un arc de cercle passant par les trois points A,C,B. Cela provient de ce que la flèche est trop grande par rapport à l'ouverture.

Supposons maintenant que par des moyens quelconques, on fasse rouler un corps pesant le long du câble, de manière que ce corps étant parti du point A (fig. 23), où il était en repos, descende vers le point le plus bas C. Si la courbe ACB était fixe et inextensible, il ne s'agirait plus que de considérer le mouvement sur la chaînette, tenant compte ensuite de la résistance du milieu, du frottement et des autres résistances.

Mais il n'en est pas ainsi.

Le câble n'étant ni fixe, ni rigide, cèdera à la pression totale résultant de la force centrifuge et de la composante normale de la pesanteur. Tous les points de l'arc AC (fig. 24) seront successivement abaissés au passage du mobile; la flèche CD sera allongée, et le chemin réellement décrit sera une nouvelle courbe, c'est-à-dire une chaînette dilatée suivant une certaine loi.

L'allongement de la flèche sera d'autant plus considérable, que le mobile qui descend de *A* vers *C* sera plus pesant. On peut admettre que cet allongement ne dépassera pas le côté *DI* du triangle rectangle *ADI*, dans lequel *AI* hypothénuse est la longueur du demi-câble.

On aurait dans ce cas :

$$DI = \sqrt{(550)^2 - (500)^2} = 229^{m} . 50.$$

On voit par là que le point *C* le plus bas de la chaînette s'abaisserait alors de 30 mètres environ, au *maximum*.

Mais ce dernier chiffre n'est qu'une hypothèse. Car, en réalité, plusieurs causes conspireront à réduire l'allongement de la flèche, en même temps qu'à épargner au câble un pli aussi vif que celui de l'angle *AIB*. Le poids du câble à soulever, la résistance de l'air, le frottement, ralentiront sensiblement la vitesse du mobile, avant qu'il ait pu atteindre son point le plus bas. En outre, cet effet ne pourrait être compensé par l'allongement des fils de fer, allongement qui est de 0,000054 pour une tige de fer de 1 mètre de longueur et de 1 millimètre carré de section, sous une tension de 1 kilogramme. Observons enfin, qu'une arche d'un pont aérostatique sera composée de deux câbles pesant ensemble près de 20,000 kilogrammes.

Si le câble qui nous sert pour ainsi dire de rail-aérien, était flexible et parfaitement tendu par le mobile pesant, ce mobile décrirait d'abord une droite verticale, jusqu'à ce que la somme de ses deux distances au point de suspension A et B, devînt égale à la longueur du câble. Ensuite, le chemin parcouru serait une ellipse, puisqu'on aurait toujours $AM + MB =$ la longueur du fil tendu, ce qui est la propriété caractéristique et bien connue de la courbe elliptique.

Mais il est aisé de voir que cette forme devra être sensiblement altérée par diverses causes, telles que :

La résistance de l'air;

Le frottement;

La tension des câbles;

La rotation que tend à prendre un corps non parfaitement symétrique, etc.

Un problème curieux à résoudre pour le géomètre, serait de déterminer la nature de la courbe réellement décrite, sous l'action de toutes ces forces, et de découvrir les circonstances d'un pareil mouvement. Nous n'entreprendrons pas un travail aussi compliqué, et, à parler franchement, au-dessus de nos forces actuelles, outre qu'il serait mieux placé dans un Traité de physique ou de mécanique rationnelle, que dans une publication destinée à être lue couramment par tout le monde, et réservée spécialement à l'exposition de moyens pratiques.

Néanmoins, nous ne voulons pas aborder la Ire Partie de cet ouvrage, sans rappeler quelques notions élémentaires sur l'influence considérable exercée par la résistance de l'air, dans le mouvement des ballons, et sur la *vitesse limite* qui en résulte.

Supposons un aérostat sphérique.

On sait que la résistance du milieu contre une sphère

en mouvement dans un fluide, est directement opposée au mouvement de son centre.

De plus, cette résistance est proportionnelle :

1° Au carré de la vitesse relative;

2° A la densité du milieu;

3° A l'aire de la projection transversale du mobile sur un plan perpendiculaire à la direction du mouvement.

Cela permet de représenter généralement cette résistance par la formule

$$R = KpA \frac{V^2}{2g} \text{ kilogrammes},$$

pour le cas du mouvement uniforme dans un fluide en repos.

K est un coëfficient donné par l'expérience, et qui varie avec la vitesse V du mobile;

p est la densité de l'air, ou le poids d'un mètre cube du fluide, dans lequel le mobile est plongé;

A est la surface d'un grand cercle de l'aérostat sphérique;

V^2 est le carré de la vitesse acquise;

$g = 9.808$.

Voici un extrait de la *Table de Hutton,* qui donne les valeurs correspondantes des éléments R et V :

Vitesse V.	*Coëfficients de Résistance K.*
1	0 . 59
3	0 . 61
5	0 . 63
10	0 . 65
25	0 . 67
50	0 . 69
100	0 . 71

Appliquons ce qui précède à un ballon sphérique de 10 mètres de diamètre, pour trouver la force accélératrice de chute, et la limite de la vitesse.

Le volume d'un ballon de 10^m de diamètre $= 523^{mc}$ 6. Donc, le volume d'air déplacé $= 523^{mc}$ 6.

Si l'on suppose une température de 12° centigrades, et une pression barométrique de 0^m 75, on trouvera que le poids du volume d'air déplacé est ici de 642 k.

Le poids de l'hydrogène contenu dans le ballon serait environ 128 kilog.

Le poids du ballon, équipage et accessoires = 414 kilog.

Dans ce cas, le ballon sera animé d'une force ascensionnelle de

$$F = 642^k - 128^k - 414^k = 100^k.$$

Pour déterminer la chute, équilibrons d'abord la force ascensionnelle par un lest de 100 kilog.; puis ajoutons un autre poids de 100 kilog. représentant la force accélératrice de descente verticale.

Cette force sera diminuée, dans le mouvement de chute, par la résistance de l'air $= \frac{p}{2g} AKV^2$.

Or, à 12° centigrades et 0^m, 75 de pression barométrique, la densité de l'air, ou bien le poids de son mètre cube = 1 kil. 227. Le calcul donnera donc, pour la résistance du fluide,

$$R = 0.06253.AKV^2 \text{ kilogrammes.}$$

Et, observant que la surface A d'un cercle qui a 5 m.

de rayon est égale à 78^{mq} 54, on obtiendra, pour valeur de la résistance du milieu,

$$R = 4.911.KV^2 \text{ kilogrammes.}$$

Donc, la force motrice sera

$$F = 100^k - 4.911.\ KV^2.$$

La vitesse de l'aérostat ira toujours en croissant, tant que la résistance de l'air restera au-dessous de 100 kilogrammes. Mais, supposons que cette résistance puisse atteindre 100 kilog.; alors, la force accélératrice de descente est anéantie, aussi bien que l'accroissement instantané de la vitesse. Tous les mouvements suivants deviennent uniformes, si toutefois il n'y a pas d'autres obstacles que la résistance du milieu.

Cette hypothèse de $F = 0$, conduit à

$$KV^2 = \frac{100}{4,911} = 20,4.$$

Il reste maintenant à essayer les valeurs simultanées de K et de V qui satisferaient cette équation, ce qui a lieu pour les valeurs

$$K = 0.63$$
$$V = 6 \text{ mètres par seconde environ.}$$

Telle serait la vitesse limite produisant le mouvement uniforme, sous une surcharge de 100 kilog. Si l'on voulait reculer cette limite de la vitesse, et accélérer le mouvement, il suffirait d'augmenter le lest de surcharge. Du reste, l'expérience donne une vitesse plus grande : cela provient probablement de quelque circonstance dont nous n'avons pas tenu compte.

Dans tout ce qui vient d'être dit, nous avons supposé que l'air était en repos, que le ballon ne tendait à prendre aucun mouvement de rotation, et qu'il était *libre*. Mais le lecteur verra, dans la suite de ce Mémoire, les moyens que nous proposons pour combattre et pour surmonter toutes les causes perturbatrices du mouvement régulier d'un aérostat *assujetti* sur un chemin de fer aérostatique.

PROMPTITUDE, SURETÉ, ÉCONOMIE.

PROJET DE MESSAGERIES AÉRIENNES

pour le

TRANSPORT DES VOYAGEURS, DES LETTRES ET DES MARCHANDISES

Ire PARTIE.

CONSTRUCTION ET MANOEUVRE.

PREMIÈRE SECTION.

CONSTRUCTION GÉNÉRALE.

Ce système de transport s'effectuerait au moyen d'aérostats se dirigeant sur deux lignes parallèles de câbles appuyés sur des pavillons (fig. 25, pl. IV).

I. — Des pavillons.

Les pavillons, construits en bois ou en fer, seront solidement étayés par des câbles. La figure 25 est trop réduite pour représenter les pavillons *P* et *p* tels qu'ils doivent être réellement. Les charpentes seront peintes ou préparées d'après le nouveau système de conservation des bois.

La distance entre les pavillons sera de 1 kilomètre, et leur hauteur de 260 mètres. Ils seront dominés par des paratonnerres qui garantiront de la foudre, et souvent de la grêle, toute l'étendue du chemin aérostatique et les plaines environnantes dans un rayon égal à deux fois leur hauteur. Chaque paratonnerre, étant à 280 mètres d'élévation, préservera donc un espace compris dans une circonférence de plus de 1 kilomètre de diamètre.

Les points escarpés, montagnes, collines, etc., obstacles infranchissables pour les chemins de fer ordinaires, seront au contraire très-utiles aux chemins aérostatiques, puisque ces élévations naturelles remplaceront avantageusement les pavillons; aussi, un chemin de fer aérostatique, établi le long d'une chaîne de montagnes, coûterait bien moins que dans les plaines.

Les pavillons pourront servir en même temps à l'établissement de télégraphes électriques.

II. — Des câbles.

Les câbles seront en fils de fer. Leur section sera proportionnée à la surface que les locomotives aérostatiques présenteront au vent; car le poids du chargement sera équilibré par la force ascensionnelle. Dans notre projet, les câbles n'auront pas moins de 4 centimètres de diamètre.

Suivant les moyens de franchir les points d'appui que nous indiquerons plus loin, les câbles seront, ou fixés à demeure sur ces points d'appui, ou simplement posés dessus, en réunissant les câbles *PCp*, par exemple, aux câbles *AP* et *Dp*, par des chaînes appuyées sur les supports *P*, *p*.

Le milieu *C* des câbles sera à 60 mètres au-dessus du sol. Si cette partie était libre, il s'opèrerait un mouvement oscillatoire parfois très-défavorable. On évitera ces balancements latéraux, sans arrêter les locomotives, en plaçant, de chaque côté des câbles, une machine tournante en fer, dont la construction demande une explication :

Tout le monde connaît cette machine si simple employée dans les campagnes pour s'opposer au passage des bestiaux, laquelle est composée de pièces de bois en croix tournant sur un pivot vertical. En ajoutant aux extrémités des rayons, des rouleaux verticaux, on aura une espèce de cage cylindrique tournante à peu près semblable à la fig. 19. Si un câble *C* est placé entre deux cages *A*,*B*, nécessairement il ne pourra osciller que de *A* en *B*. Quand il n'y aura pas de vent, le câble sera au milieu *C*; autrement, lors du passage d'un aérostat, il s'appuiera contre la cage qui sera sous le vent. Supposons que le câble *C* (fig. 20) soit poussé par le vent contre la cage *A* représentée de plan ; il est clair que la poulie *P*, à laquelle tient un aérostat, franchira la cage en la faisant tourner sur elle-même, comme si une personne poussait le rayon *A*, pour lui faire prendre la place de *B*.

Il y aura quatre cages au point *C* (fig. 25), deux pour un câble ; mais les poulies qui maintiendront les aérostats sur les câbles ne rencontreront jamais que deux cages, car le câble *C* (fig. 20) ne peut s'appuyer à la fois contre les cages *A* et *D*.

Le moindre effort fera tourner les cages, n'ayant à

vaincre que le *frottement de roulement* des rouleaux contre les câbles; aussi, les aérostats les feront pivoter en passant, sans que leur vitesse en soit sensiblement altérée, n'employant pour cela qu'une faible partie de la force acquise en descendant de P en C (fig. 25); et il est important de remarquer que la pression des câbles contre les rouleaux des cages, sera en partie et souvent complètement annulée par la puissance accélératrice de la pesanteur avec laquelle les locomotives descendront, qui aura pour effet de rappeler les câbles dans leur position naturelle, en les éloignant des cages contre lesquelles le vent les poussera.

Les câbles seront garantis de la rouille par le courant électrique que produira le frottement des poulies ou galets.

III. — Des locomotives aérostatiques.

1. — Des formes.

A capacité égale, un aérostat allongé horizontalement éprouvera beaucoup moins de résistance à déplacer l'air qu'un aérostat sphérique, et, par suite, il aura une plus grande vitesse.

J'ai esquissé précédemment la théorie de la puissance horizontale produite par la différence des résistances de l'air sur un aérostat allongé, qui est obligé d'avancer horizontalement dans le sens de son inclinaison, soit qu'il s'élève ou qu'il descende. On doit se rappeler, à cet égard, la jolie expérience de la feuille de papier, relative à la fig. 1, pl. II, qui ne peut tomber verticalement; de même que la feuille, un aérostat allongé maintenu incliné montera et descendra obliquement, — parallèlement aux câbles d'un chemin aérostatique, qui fatigueront bien moins de cette manière qu'avec un aérostat ordinaire, qui tend seulement à se mouvoir verticalement, et dont une partie, par conséquent, de la force ascensionnelle ou descensionnelle, est supportée par les câbles.

(L'avancement horizontal d'un aérostat libre, allongé et incliné, est produit par la résistance de l'air à mesure qu'il s'élève ou qu'il descend; et l'avancement horizontal d'un aérostat captif, de forme quelconque, assujetti à un plan ou à une courbe inclinée, est dû à la résistance de ce plan ou de cette courbe. Dans le premier cas, le plan incliné est mobile : c'est l'aérostat qui s'appuie sur l'air; et dans le second, il est immobile : c'est le rail-aérien qui retient l'aérostat et décompose sa force verticale en un mouvement oblique. Malgré cette différence, on doit voir que l'idée est la même dans les deux systèmes; qu'elle repose sur des principes semblables; en un mot, que la locomotion aérienne par des plans inclinés atmosphériques, ne diffère du chemin de fer aérostatique que par l'application.)

Un aérostat allongé aurait encore l'avantage de faire l'effet d'une voile : supposons que le bateau *H* (fig. 15, pl. II) soit un aérostat pouvant glisser le long du câble *FG*, il est évident que le vent *C* fera avancer l'appareil dans la direction *HM*.

Pour résumer : un aérostat allongé est préférable à un aérostat sphérique, parce qu'il procurerait plus de vitesse, fatiguerait moins les câbles, et utiliserait le vent sans voiles. Cependant, et malgré ses précieuses propriétés, la forme allongée ne devra remplacer la forme sphérique pour les chemins aérostatiques, qu'après que l'expérience aura prononcé.

2. — Construction.

Des aérostats *inflexibles*, — de tôle, par exemple, — seront on ne peut plus avantageux pour les chemins aérostatiques. Ne perdant pas de gaz, ils conserveront leur légèreté; les variations atmosphériques ne feront pas changer leurs volumes; et surtout, étant très-solides, ils dureront fort longtemps, et résisteront à l'ouragan le plus furieux.

Des aérostats métalliques sont indispensables à la réussite de l'entreprise; il est vrai qu'ils coûteront plus que des aérostats ordinaires; mais, par contre, on n'aura pas besoin de renouveler leur gaz, et ils dureront des siècles, sans occasionner d'autres frais que ceux insignifiants d'entretien; tandis que des aérostats flexibles se fatigueraient promptement, et produiraient une dépense journalière considérable, à cause de la déperdition continuelle du gaz.

Les locomotives aérostatiques seront inversables, étant assujetties aux câbles par des poulies en fer maintenues à deux points opposés de leurs lignes équatoriales; car le vent agira également sur les hémisphères inférieurs et supérieurs (fig. 25). Les locomotives ainsi suspendues balanceront à la moindre impulsion. Si ce bercement n'était pas agréable, on l'éviterait avec deux poulies, au lieu d'une, de chaque côté.

Les poulies seront fixées aux extrémités de bras en fer, coudés et suffisamment éloignés, pour que les aérostats ne puissent jamais toucher, ni les câbles, ni les cages tournantes (fig. 19), qui seront placées de chaque côté des câbles aux points *C* (fig. 25). Les poulies auront deux réas, l'un en bas qui tournera *sous* les câbles dans l'ascension, et l'autre en haut, qui fonctionnera à son tour dans la descente en s'appuyant *sur* les câbles. (*P*. fig. 17.)

Les locomotives seront renforcées extérieurement par des câbles arc-boutés servant à l'installation des voiles, et intérieurement par des diamètres tubulaires en fer, les divisant en quartiers égaux, afin de pouvoir les remplir de gaz sans mélange d'air atmosphérique, avec quatre doublures flexibles, d'une forme et d'une capacité semblables à chaque quartier. (Voir page 28.)

Les locomotives seront en tôle de 1 $^1/_2$ millimètre d'épaisseur, sur un diamètre de 100 mètres; leur force ascensionnelle définitive sera de 30 tonneaux.

Les nacelles ou galeries auront des chambres en toile peinte ou en bois léger, pour les voyageurs et les marchandises; un espace découvert sera réservé à la manœuvre.

SECONDE SECTION.

MANŒUVRE.

CHAPITRE Ier.

MOYENS DE DIRECTION.

---

1. — Forces de légèreté et de pesanteur.

La direction aérienne sera principalement basée sur les forces ascensionnelles et descensionnelles; par conséquent, en lestant et en délestant à propos et suffisamment les locomotives, elles avanceront naturellement le long des câbles, quelles que soient la direction et la force du vent.

Ainsi, un aérostat parti de *A* (fig. 25) arrivera, par sa force d'ascension, au sommet du pavillon *P*, qu'on franchira par un des procédés indiqués plus loin. Si le conducteur charge alors la nacelle d'un lest préparé d'avance sur la plate-forme du pavillon et d'un poids supérieur à la force d'ascension, l'aérostat descendra sur les courbes *PC* en vertu de sa pesanteur, sans s'arrêter en *C*; car, par sa force d'impulsion, il fera pivoter les cages tournantes qui seront placées en *C*, et remontera à une certaine hauteur *B* sur la continuation des câbles *Cp*. Après avoir dépassé le point *C*, et avant que la vitesse acquise ne soit épuisée, on délestera, en jetant le lest en plusieurs fois ou tout d'un coup, suivant les circonstances. L'aérostat étant délesté, ne s'arrêtera qu'à l'autre pavillon *p*, où l'on recommencera la manœuvre qu'on vient de lire, pour parcourir la suite des câbles.

D'après cela, il est aisé de conclure que, par ce mouvement alternatif d'ascension et de descente, on pourra exécuter rapidement les plus longs voyages.

II. — Du vent.

Le vent, selon sa direction et sa force, aidera plus ou moins à la translation des locomotives le long des câbles; mais on l'utilisera, dans tous les cas, avec des voiles verticales et horizontales.

La voilure verticale consistera en voiles latines, telles que les focs, brigantines et voiles d'étai des vaisseaux, qui sont les plus avantageuses pour courir au plus près du vent, et qui seront d'une installation facile et légère sur des aérostats.

Les voiles horizontales auront la forme cônique. (fig. 23, pl. III).

1. — Vent-arrière.

Le vent-arrière sera très-favorable; frappant la vaste surface d'un aérostat, il l'entraînera avec presque toute sa vélocité, n'ayant à vaincre que le frottement des poulies sur les câbles.

Lorsque le vent-arrière sera fort, on n'aura pas besoin de lest ni de faire aucune espèce de manœuvre, à moins qu'on ne désire avoir plus de vitesse que le vent lui-même.

2. — Vent largue et oblique.

Si le vent est perpendiculaire ou oblique au chemin aérostatique, on orientera les voiles de manière à ce qu'elles décomposent la force du vent en deux actions: l'une parallèle aux voiles, et l'autre qui poussera les voiles perpendiculairement à leurs surfaces; l'impulsion perpendiculaire se décomposera elle-même :

1° En une force perdue, perpendiculaire aux câbles;

2° En une force utile, qui, agissant parallèlement aux câbles, fera avancer les locomotives.

La théorie démontre que l'angle le plus favorable avec la voile et la route, doit être tel que sa tangente soit la moitié de celle de l'angle du vent avec la voile, pour que la vitesse du bâtiment ou d'un aérostat assujetti à des câbles, soit la plus grande possible.

3. — Vent-debout.

Si le vent est entièrement contraire, on serrera la voilure verticale pour ne conserver que les voiles horizontales que nous avons nommées *Cônes*.

Les voiles horizontales feront louvoyer *verticalement*, par le même principe que les voiles ordinaires font louvoyer horizontalement. Donc, les cônes feront monter, descendre et avancer le long des câbles, selon que le vent agira en dessous ou en dessus; par conséquent ils remplaceront le lest lorsque le vent sera fort.

En relisant ici le chapitre qui traite des propriétés des voiles côniques, on comprendra comment elles aideront constamment à la direction en utilisant tous les vents (page 38).

III. — Du vent considéré comme force motrice.

Si l'expérience en démontre la nécessité, des turbines mises en mouvement par le vent feront mouvoir des propulseurs héliçoïdes agissant horizontalement.

Observations.

1. — En résumé, les locomotives parcourront les railways aérostatiques par leur légèreté, leur pesanteur, et par la force auxiliaire et naturelle du vent et

des hélices. La réunion de ces moyens produira une marche d'autant plus rapide, que les aérostats assujettis à des câbles, navigueront par le vent infiniment mieux que les navires, puisqu'ils n'auront pas de dérive.

2. — On surmontera un vent défavorable et l'on accélèrera la marche dans tous les cas, en augmentant la légèreté et la pesanteur spécifique des locomotives ; c'est-à-dire en leur donnant une plus grande force d'ascension, et en les lestant ensuite avec un poids plus considérable que celui nécessaire dans un temps ordinaire.

3. — Nous avons vu que le vent fera monter et descendre les locomotives le long des câbles; donc, le vent seul suffira très-souvent à la direction.

4. — Le vent-arrière d'une force ordinaire n'accélèrera que peu ou point la marche des locomotives ; car, si leur vitesse est supérieure à celle d'un vent-arrière, elles se dérobent à l'action de ce vent en fuyant devant lui.

5. — Si le vent est perpendiculaire aux câbles, l'impulsion sur les voiles sera toujours utile et toujours la même, l'aérostat ne s'éloignant pas de la source du vent; d'où il suit, qu'un vent largue, même très-faible, sera plus avantageux qu'un vent-arrière d'une force moyenne.

6. — En cinglant au plus près, l'impulsion du vent augmentera, parce que les locomotives en courant contre le vent, s'approcheront de sa source.

CHAPITRE II.

DU LEST.

Tout objet lourd pourra servir de lest; néanmoins, par économie, on emploiera de préférence de la terre, du sable, des cailloux, des pierres, etc., enfermés dans des sacs. Les sacs auront des anses de paniers inflexibles pour que les aérostiers puissent les saisir facilement avec la gaffe ou la main; ils pèseront 25 kilog. chaque, et ils seront arrangés d'avance sur la plateforme des pavillons, en quantité suffisante pour le passage de 10 convois, en comptant pour chaque aérostat un lest égal à deux fois sa force d'ascension.

(La grande provision de lest, qui paraît indispensable aux chemins aérostatiques, peut être remplacée de diverses manières. Ainsi, un seul poids servirait de lest pour tout le voyage :

L'aéronaute en partant de *R* (fig. 22) abandonne son lest *R* pour gravir le câble *RP;* mais il ne l'abandonne pas entièrement, il le retient encore par une corde *ACR*, qu'il file à mesure que l'aérostat s'élève. (Le lest *R* se compose de deux roues en fer, tournant sur un essieu qui les dépasse sur chaque côté pour qu'elles se remettent toujours dans leur position naturelle.) Une fois le point d'appui *P* franchi, on tend rapidement la corde *ACR* au moyen d'un grand tambour à engrenage; le lest *R* vient promptement en *R'*, et aussitôt qu'il quitte le sol, son poids fait descendre forcément l'aérostat; arrivé en *M*, on abandonne de nouveau le lest à roues *r;* sa corde se développe lorsque l'aérostat s'élève vers le pavillon *p*, puis on la retend pour redescendre un peu plus loin; ainsi de suite.

Il sera même possible de diriger les locomotives sans aucun lest, en remplaçant les deux roues par une roulette circulant dans une coulisse posée sur le sol parallèlement au chemin aérien. La corde *ACR* serait amarrée sur la tige de la roulette (*T*, fig. 13). Supposons que *R* (fig. 22) soit une roulette retenue dans une coulisse *Rn;* en abraquant la corde *ACR*, la roulette viendra en *R';* et en continuant de haler sur la corde *AR'*, l'aérostat descendra proportionnellement à la tension de la corde; et il arrivera en *M* presqu'en même temps que la roulette, qui glissera dans la coulisse à mesure que l'aérostat avancera. On voit que la manœuvre de la roulette est semblable à celle du lest à roues; seulement, la roulette ne quitte jamais la coulisse, tandis que les roues perdent terre au point *R'*.

Par ces simples procédés, on pourra graduer la vitesse des montées et des descentes, et s'arrêter à telle hauteur qu'on voudra.

Les coulisses seront formées de deux lignes de tringles en fer, maintenues près du sol par des supports cintrés.

La corde de la roulette s'opposant aux oscillations latérales des câbles, les cages tournantes (fig. 19) ne seront plus nécessaires.

L'augmentation de dépense occasionnée par les coulisses serait compensée par une simplification dans les pavillons, par la valeur des échelles, des poulies, des cordes, des sacs de lest et des cages tournantes, alors inutiles, et par la diminution des frais d'exploitation, puisqu'il n'y aurait plus besoin de personne sur toute la longueur du chemin ; tandis qu'autrement, il faudrait deux hommes par 10 kilomètres, spécialement occupés à transporter le lest sur les pavillons ; ce qui fait qu'un chemin de fer aérostatique de Paris à Bordeaux, par exemple, demanderait 116 cantonniers desservant environ 580 pavillons ou piles d'un pont suspendu entre les deux villes.

L'expérience indiquera quel sera le plus avantageux des deux systèmes, — avec ou sans lest. — Ce dernier est le seul possible pour traverser un pays inhabitable, tel qu'un désert).

CHAPITRE III.

MOYENS POUR FRANCHIR LES POINTS D'APPUI.

Je rapporterai plusieurs des moyens que j'ai proposés depuis longtemps, laissant à l'expérience le soin de décider quel sera le meilleur.

Les points d'appui qui supporteront les câbles aux sommets des pavillons, seront *fixes* ou *mobiles*.

I. — Points d'appui fixes.

Les câbles seront amarrés à demeure sur les points d'appui fixes. Ainsi, les câbles *PCp* (fig. 25), sont maintenus aux sommets *P*, *p*, séparément des autres câbles *A* et *D*.

Les pavillons auront deux points d'appui, consistant en deux barres de fer posées horizontalement sur des bittes.

Les poulies d'un aérostat gravissant les câbles *AP*, se trouveront nécessairement arrêtées par les deux barres de fer qui portent les quatre câbles *AP, PC*. Ces barres étant immobiles, il faut absolument, pour continuer le voyage, ou changer de poulies, ou qu'elles puissent s'ouvrir, afin d'avoir la faculté de quitter les câbles d'un côté des barres, et de les reprendre de l'autre. Supposons un aérostat ayant quatre poulies *ouvrantes* et *mobiles*, mais suspendu aux câbles *A*, seulement par deux des poulies, une de chaque côté; lorsque l'aérostat arrivera en *P*, les deux poulies inoccupées seront placées et refermées au delà des supports sur les câbles *PCp;* aussitôt on ouvrira les deux poulies placées encore sur les câbles *A*, et l'aérostat, libre de tout obstacle, continuera alors sa route jusqu'à l'autre pavillon *p*, où l'on recommencera la même manœuvre, etc.

Avec un peu d'habitude, ce travail ne demandera que quelques secondes, comme je m'en suis assuré par l'expérience; mais il occupera deux hommes continuellement.

II. — Points d'appui mobiles

Un chemin de fer aérostatique à points d'appui mobiles, sera *continu* dans toute sa longueur, les câbles étant réunis aux sommets des pavillons par des chaînes posées simplement sur les supports.

Parmi les formes qu'on peut donner aux supports mobiles, je choisirai les deux qui me paraissent les plus avantageuses :

1°. — La figure 16 représente un cric à double effet. Lorsque la partie *A* s'élève, *B* s'abaisse; en sorte que la poulie *P* venant de *C'* n'est arrêtée que par *B*; mais aussitôt *A* supporte à son tour la chaîne qui unit et prolonge les deux câbles *C*, *C'*, — *B* s'abaisse, et la poulie franchit ainsi les deux supports.

Les parties *A* et *B* sont vues de côté fig. 16, n° 2. La chaîne, en s'appuyant dans la fourche *T*, se trouve solidement retenue par des tourrillons en fer, qui pénètrent dans et entre ses anneaux.

A chaque pavillon, il y aurait deux crics que les aéronautes feraient mouvoir sans sortir de la nacelle, au moyen de leviers ou de roues tournant par des cordes aboutissant à un endroit convenable de la plateforme des pavillons.

2°. — La figure 17 est une machine tournante en fer, que je nommerai une roue. Une chaîne, unissant les câbles *EF*, est appuyée sur cette roue. Nécessairement, la poulie *P* aura franchi le point d'appui *A*, quand ce rouleau *A* aura pris la place du rouleau *B*. La chaîne et la roue seront fixées par un crochet après le passage de la poulie. En outre, deux losanges en fer, qui se trouvent arrêtées par les rouleaux, s'opposeront au glissement de la chaîne, sans nuire au passage des poulies.

En réalité, cette machine aura six ou huit rayons, aux extrémités desquels seront des rouleaux (fig. 17, n° 2) dont les larges rebords retiendront constamment la chaîne *C*, quelle que soit la violence du vent.

Au sommet de chaque pavillon, il y aura deux roues, une pour chaque câble; leur mouvement de rotation s'obtiendra par un des moyens suivants :

1. — Vent.

Les voiles étant orientées pour avancer, feront naturellement tourner les roues. En effet, si la poulie *P* (fig. 17) est poussée en avant par l'aérostat, le rouleau *A* prendra la place de *B*, et l'obstacle sera dépassé.

2. — Gaffe.

A défaut de vent, les aéronautes feront tourner les roues en poussant les locomotives avec des gaffes appuyées contre les pavillons.

3. — Hélices.

Les hélices agissant horizontalement feront aussi tourner les roues.

4. — Cordes et poulies.

En pesant sur une corde fixée en *B*, *B* prendra la place de *C*, *C* viendra en *D*, *D* en *A*, et *A* en *B*; ce qui permettra à l'aérostat de continuer sa route, puisque la poulie *P*, qui était à gauche du point d'appui, se trouvera maintenant à droite. Par une combinaison très-simple de poulies, les cordes des leviers *ABCD* aboutiront à un point central des pavillons, de façon que les aéronautes puissent faire tourner les deux roues en agissant sur une seule corde, sans sortir de la nacelle. Les cordes ne s'embarrasseront pas, étant retenues par en bas, et étant suspendues aux essieux *E* (fig. 17, n° 2) par de larges anneaux.

5. — DÉPLACEMENT DU CENTRE DE GRAVITÉ.

Soit une équerre *CAB*, à pivot *A* (fig. 18); nécessairement le poids du côté *AB* fera tourner l'équerre suivant la courbe *Cc*. Admettons que le pointillé *ADCE* soit un ballon, et *AB* un levier placé au-dessous; il est évident que l'action du poids *B* tendra à pousser le ballon en avant. Par conséquent, en proportionnant la longueur du bras de levier *AB* et le poids *B* à la résistance de la roue fig. 17, l'aérostat la franchira en la faisant tourner, en s'inclinant en avant dans la direction des câbles.

On déplacera le centre de gravité d'un aérostat avec un lest mobile, agissant comme le curseur d'une balance romaine, le long d'un bâton de foc; — ou plus simplement encore, en halant sur le garant d'une caliorne fixée, d'une part, à l'équateur de l'aérostat, et, de l'autre, à la nacelle.

6. — VITESSE ASCENSIONNELLE.

Arrivé aux sommets des câbles, l'aérostat aura une vitesse acquise qu'on peut exprimer par la diagonale *ab*. Cette force *ab* est composée des actions *ac* et *ad*; l'action verticale *ac* étant supportée et détruite par le câble, il ne reste plus que l'effort horizontal *ad*, qui fera tourner la roue en poussant le rayon *A* suivant *ad*.

Des tampons en caoutchouc fixés aux poulies amortiront les chocs.

IIe PARTIE.

DEVIS.

Devis estimatif *pour un myriamètre de chemin de fer aérostatique établi avec quatre câbles formant deux voies.*

10	Pavillons, terrains compris à......... F.	20,000 —	200,000
44	Kilomètres de câbles, sur 4 lignes......	6,000 —	264,000
80	Cages tournantes s'opposant aux oscillations des câbles........................	100 —	8,000
40	Piliers soutenant les 80 cages tournantes	400 —	16,000
	Ouvrages accessoires et dépenses imprévues..................................	» —	12,000
	1 Myr. de chemin de fer aérostatiq. coûterait.. F.		500,000
	Dito *dito* ordinaire coûte............		4,500,000
	Économie avec le chemin aérostatique pour 10 kil.		4 millions

Pour un premier essai, il est clair qu'on ne devra commencer que par une ligne peu importante, faisant, par exemple, un service d'omnibus au-dessus d'une ville; toutefois, il est utile de se rendre compte des dépenses et des bénéfices probables que produirait une vaste entreprise, telle qu'une ligne de Paris à Bordeaux.

La distance de Paris à Bordeaux étant de 58 myriamètres, on a

58	Myriam. de chemin à...... F.	500,000 —	29,000,000
5	Locomotives aérostatiques en tôle	2,000,000 —	10,000,000
116,000	Sacs de lest (200 par pavillon)	2 —	232,000
	Gares et pièces de rechange..	» —	768,000
	Un chemin aérostatique de Paris à Bordeaux, coûterait		40 millions

Nous avons vu que la vitesse des locomotives aérostatiques sera pour ainsi dire facultative, étant en raison des forces d'ascension et de descente, qu'on pourra à volonté diminuer dans le beau temps, ou augmenter lorsque le vent sera défavorable. Nous avons prouvé aussi que le vent aidera toujours à la translation, quand même il serait entièrement contraire, puisque, dans ce cas, il fera avancer les locomotives contre sa propre direction, en les faisant louvoyer verticalement par l'effet de voiles horizontales. Néanmoins, il est clair que la vitesse sera plus ou moins grande, selon que le vent sera plus ou moins favorable. Il faut remarquer qu'en ne considérant que les quatre points cardinaux, on aura trois chances de bon vent contre une seule de vent contraire, et que les voiles latines qui masqueront une partie des locomotives, étant très-avantageuses pour courir au plus près du vent, accélèreront la marche, pour peu que le vent les choque obliquement.

On doit conclure de là, que la vitesse des locomotives ne sera pas constante dans tous les temps; elle variera depuis 4 jusqu'à 85 kilomètres à l'heure. En réunissant de nombreux résultats calculés approximativement avec tous les vents, depuis le calme plat jusqu'à une grande tempête de 60 milles à l'heure, j'ai trouvé, pour vitesse moyenne, environ 40 kilomètres, ce qui fait 15 heures pour franchir la distance de Paris à Bordeaux, ou un voyage par jour, en consacrant 9 heures pour déposer et reprendre les voyageurs, les marchandises et la correspondance, en desservant toutes les villes qui se trouveront sur la ligne.

Pour être en tout au-dessous de la vérité, nous supposérons que, sur les cinq locomotives, il n'y en aura que quatre en activité. Ces quatre locomotives effectuant un voyage par jour, il y aura deux départs et deux arrivées par jour à Paris et à Bordeaux, ou 1460 traversées par an.

Nous considérerons d'abord les locomotives comme ne transportant que des personnes, parce qu'on peut raisonnablement espérer que, durant la première année, le nombre des voyageurs sera trop considérable pour qu'on puisse porter des marchandises. Effectivement, les voyages en aérostats devenant à la mode, tout le monde voudra avoir le plaisir de naviguer dans l'air; et cet enthousiasme, — certes bien naturel, — sera surexcité encore par la certitude de la nullité de danger et par le bon marché; car ceux qui ne voudront pas faire un long voyage, ne parcourront qu'une portion du chemin, à raison de 10 centimes par kilomètre. Dans les calculs, nous regarderons la totalité des passagers comme parcourant la ligne entière; car ceux qui débarqueront dans une ville intermédiaire, seront aussitôt remplacés par d'autres.

Chaque locomotive pourra porter 30 tonneaux. En abandonnant 5 tonneaux pour le poids de l'équipage et divers objets, il reste une force d'ascension définitive de 25 tonneaux; ce qui fait que les 4 locomotives en activité transporteront, dans un jour, 100 tonneaux, ou 36,500 tonneaux par an, équivalant à 384,210 personnes de 70 kilogrammes, en admettant en franchise, comme l'Administration des postes, un bagage de 25 kilogrammes par personne. Le prix du voyage étant à 50 fr. (moitié du prix d'une place dans les malles-postes), on aura, pour les 384,210 passagers, environ

19 millions, c'est-à-dire près de 50 p. 100 du capital engagé de 40 millions.

Mais ce beau résultat ne durerait qu'un certain temps; il diminuerait ensuite journellement, jusqu'à ce que cette fièvre aérostatique se soit entièrement calmée. N'ayant alors à transporter que les personnes voyageant par besoin, il faudra forcément prendre des marchandises. Voyons si, dans ce cas, il y aura encore bénéfice.

On peut estimer en moyenne, au moins à 200 personnes par jour, ou 72,000 par an, le mouvement des voyageurs entre toutes les villes d'une ligne de Paris à Bordeaux; ainsi :

Tx 6,840	Poids de 72,000 voyageurs, bagages compris, à 50 fr.	F. 3,600,000
29,500	Marchandises, à 10 fr. les 100 kil. (prix du roulage ordinaire)	2,950,000
160	Transports de lettres, journaux, etc.	1,000,000
Tx 36,500	Produisant dans un an	F. 7,550,000

A déduire, pour frais d'exploitation :

100 Hommes d'équipage	F. 100,000	
125 Cantonniers desservant 580 pavillons pour le transport du lest	100,000	550,000
Frais d'administration et publicité	100,000	
Frais d'entretien	250,000	
Bénéfice net		F. 7 millions

Une des locomotives étant inactive, les 4 autres donneraient donc un bénéfice annuel de 7 millions, déduction faite des frais d'exploitation, qui ne s'élèveraient qu'à 7 1/4 p. 100 du produit brut, tandis que les frais des chemins de fer ordinaires s'élèvent généralement à plus de 50 p. 100.

La première dépense faite pour l'établissement des câbles, il est évident qu'il sera avantageux d'augmenter le nombre des locomotives; car 5 locomotives produisant un bénéfice de 7 millions, 10 locomotives en produiront 14, toutes choses égales d'ailleurs; et il faut remarquer que le capital engagé n'aura augmenté que de 10 millions; en sorte que ces 10 derniers millions donneront un bénéfice de 7 millions.

Voici la proportion que suivrait l'élévation des bénéfices, si le Commerce frétait entièrement les vaisseaux aériens :

Locomotives.	*Capital.*		*Bénéfice.*			
5.............	40	millions...	7	millions	ou	17 °/₀
10.............	50	*dito*	14	*dito*	»	28 »
15.............	60	*dito*	21	*dito*	»	35 »
20.............	70	*dito*	28	*dito*	»	40 »
25.............	80	*dito*	35	*dito*	»	44 »
30.............	90	*dito*	42	*dito*	»	47 »
35.............	100	*dito*	49	*dito*	»	49 »

D'après cela, un capital de 100 millions produirait annuellement 49 millions de bénéfice.

La Compagnie qui créerait un chemin de fer aérostatique ne serait pas seule à profiter des énormes avantages de cette nouvelle entreprise : le public y gagnerait aussi par rapport à la réduction des prix de transport, à la promptitude, à la sûreté et à l'agrément des communications.

CONCLUSION.

Je n'ai point l'intention d'énumérer toutes les applications qu'on peut faire des chemins de fer aérostatiques; je dirai seulement qu'ils me paraissent de nature à rendre d'immenses services dans une foule de cas, comme moyen de communication facile, rapide, économique et à l'abri de tout danger. Et ces avantages, qui ne sont contrebalancés par aucun inconvénient, la société les réalisera aussitôt qu'elle le voudra sérieusement. — Cet avenir heureux, est-il encore loin de nous?..... Cependant, et j'en ai la conviction intime, les aérostats, jusqu'à présent si délaissés, si bafoués, seront un jour le mode de transport le plus généralement adopté.

Malgré mes recherches, je n'ai pu trouver de danger véritable pour les chemins de fer aérostatiques. Évidemment, les voyages en aérostats captifs ne peuvent être sujets à autant d'accidents que les voyages en voiture ou sur les chemins de fer, aussi coûteux que dangereux. Par la voie de l'air, on n'a pas à craindre l'emportement des chevaux, l'imprudence ou l'inhabileté des conducteurs, les chocs épouvantables de deux trains se précipitant l'un contre l'autre, les dérayements, les explosions des locomotives à vapeur, etc.

Il est impossible que des aérostats en fer, munis de soupapes de sûreté, puissent éclater; en le supposant, ils seront encore soutenus par les câbles. Si, au contraire, — ce qui est plus probable, — les câbles viennent à se briser, les aérostats flottant dans l'air, les voyageurs seront dans une situation analogue à celle des aéronautes ordinaires, nullement exposés tant que la prudence ne les abandonne pas.

Suivant l'importance de l'entreprise, les chemins aérostatiques auront une ou deux voies de câbles.

Deux voies, — l'une pour l'aller et l'autre pour le retour, — sont préférables à une seule; néanmoins, pouvant arrêter subitement les aérostats, on n'aura pas à craindre d'abordage sur un chemin d'une seule voie. Les rencontres seraient-elles possibles, qu'elles ne sauraient être funestes aux voyageurs; elles ne le seraient qu'aux aérostats, qui se déformeraient par le choc; mais il faudrait absolument qu'un des aérostats quitte le chemin pour laisser passer l'autre. Cette manœuvre, facile dans le beau temps, ne le serait plus par un grand vent, et occasionnerait du reste une perte de temps, qu'on évitera avec quatre câbles formant deux voies, sur lesquelles pourront circuler, en toute assurance, un nombre illimité de locomotives.

L'installation des câbles n'offrira pas de difficulté : les chemins aérostatiques pourront s'établir là où tout autre système de communication serait impraticable. Les montagnes, nous l'avons déjà dit, seront très-utiles, puisqu'elles remplaceront les pavillons ; et l'on franchira les vallées, les fleuves, les étangs, les marais, etc., sans autre pont que des câbles suspendus.

Les locomotives aérostatiques fonctionneront en tout temps, n'étant pas arrêtées par le brouillard, par la neige, par la glace, par les inondations, etc.

Les câbles étant en l'air, ne nuiront pas à la culture des champs, comme les rails ordinaires; par conséquent, on n'aura qu'à acheter les terrains nécessaires à la construction des pavillons, et peut-être à payer une indemnité pour le passage des cantonniers, et celui des convois au-dessus des propriétés.

COURSES AÉRIENNES.

PRÉLIMINAIRE.

Les Courses aériennes ont pour but de remplacer les Montagnes russes par des aérostats.

Cette application restreinte du Chemin de fer aérostatique est destinée à populariser ce mode de communication, et à démontrer, par l'évidence du fait, la possibilité d'établir un service régulier de Messageries aériennes, aussi avantageux pour la Compagnie qui tenterait l'entreprise, que pour le public.

DESCRIPTION.

Les Courses aériennes peuvent être établies de plusieurs manières : d'après la convenance des lieux, l'usage auquel on les destine, et surtout la dépense qu'on veut faire. Effectivement, une simple corde tendue (fig. 1, pl. IV) constituerait, au besoin, un chemin aérostatique. Cependant, pour donner quelque importance à ce genre d'amusement, nous emploierons des câbles en fils de fer d'un petit diamètre, ou des coulisses en bois ou en métal (fig. 13 et 14).

Les coulisses seraient préférables aux câbles, si leur valeur n'en rendait pas la réalisation trop dispendieuse; car elles doivent être soutenues dans toute leur longueur, tandis que les câbles ne sont appuyés qu'à de grandes distances sur des élévations naturelles, ou sur des pavillons d'une construction légère [1].

[1] Le mouvement d'un aérostat glissant sur une coulisse demanderait à être traité particulièrement; car, s'effectuant sur un plan incliné, ce mouvement n'est plus le même que sur la courbe formée par les câbles; néanmoins, pour abréger, je ne donnerai que des équations, avec lesquelles on obtiendra des résultats approximatifs suffisants pour la construction :

Connaissant la rupture d'équilibre d'un aérostat, on trouvera la valeur de sa puissance d'ascension, et celle de sa descente le long d'un plan incliné *AB* (pl. IV, fig. 1), ou sa légèreté et sa pesanteur relatives, en disant :

La légèreté absolue de l'aérostat est, à sa légèreté relative, comme la longueur du plan *AB* est à la hauteur *BD*.

$$\left(\textit{Composante parallèle ascensionnelle} = \frac{L \times BD}{AB} \right)$$

La pesanteur absolue de l'aérostat est, à sa pesanteur relative, comme la longueur du plan *AB* est à la hauteur *BD*.

$$\left(\textit{Composante parrallèle descensionnelle} = \frac{P \times BD}{AB} \right)$$

L'effort perpendiculaire que soutiendra le plan *AB* dans l'ascension sera, à la légèreté absolue de l'aérostat, comme la longueur du plan *AB* est à la base *AD*.

$$\left(\textit{Composante perpendiculaire ascensionnelle} = \frac{L \times AD}{AB} \right)$$

L'effort perpendiculaire que soutiendra le plan *AB* dans la descente sera, à la pesanteur absolue de l'aérostat, comme la longueur du plan *AB* est à la base *AD*.

$$\left(\textit{Composante perpendiculaire descensionnelle} = \frac{P \times AD}{AB} \right)$$

Abstraction faite du frottement et de l'action du vent, qui doit être calculée à part, le temps qu'emploierait un aérostat pour monter ou pour descendre le long d'un plan *AB*, est, au temps qu'il emploierait pour franchir en montant ou en descendant un espace *BD*, comme la longueur du plan *AB* est à la hauteur *BD*.

$$\left(T = \frac{t \times AB}{BD} \right)$$

Le mouvement de l'aérostat en glissant le long de la coulisse *AB*, sera uniformément accéléré comme s'il était libre. Cette accélération croît comme les nombres impairs 1 . 3 . 5 . 7 . 9 . etc.

Deux lignes parrallèles de câbles ou de coulisses sont préférables à une seule (fig. 5, 6, 8, 11 et 25).

Il serait trop long et inutile d'indiquer les formes des chemins aériens, les constructeurs pouvant les varier indéfiniment. Ainsi, les chemins à rails-câbles seront en lignes droites ou en poligones quelconques, autour desquels les aérostats circuleront; et les chemins à rails-coulisses auront en outre des formes circulaires.

Les aérostats seront assujettis aux câbles par des poulies, et aux coulisses par des roulettes (fig. 13 et 14). L'aérostat fig. 5 est maintenu sur deux câbles par des poulies placées à deux points opposés de son équateur; celui de la fig. 8 est maintenu, en bas par une poulie amarrée au cerceau, et en haut par une seconde poulie tenant avec des cordes au cercle de la soupape et au filet. La meilleure manière d'assujettir les aérostats flexibles est, sans contredit, celle de la fig. 6; parce que l'aérostat, n'étant retenu que par le cerceau, s'incline sous l'effort du vent, se redresse ensuite sans se fatiguer; tandis que les aérostats des fig. 5, 8 et 11 s'aplatiraient, se déchireraient peut-être, si on ne les garantissait du vent par des boucliers mobiles, sortes de voiles côniques appuyées contre l'équateur des aérostats.

L'équateur sera composé de plusieurs pièces de bois, courbées d'abord dans un sens, et laissées dans cet état jusqu'à ce qu'elles en aient pris le pli. En les réunissant, on les reploiera ensuite dans le sens opposé; chaque partie, en tendant à reprendre sa première forme, augmentera sa résistance. Ce cercle sera consolidé et régularisé par des fils de fer qui l'empêcheront de s'aplatir sous la pression du vent, par la raison qu'il ne pourra pas s'allonger; car si l'on veut rapprocher du centre les points *A* et *B* (fig. 10), *C et D* tendront aussitôt à s'en écarter; mais ils ne le pourront pas, le diamètre *CD* s'y opposant. Évidemment, *A* et *B* resteront immobiles tant que le cercle ou le diamètre *CD* ne se brisera pas, et le cercle ne se ploiera pas en dedans à cause de son épaisseur. Les fils de fer traverseront l'aérostat dans des yeux de pie ou œillets pratiqués sur l'enveloppe, sur lesquels seront cousus de petits tubes en taffetas recouvrant les fils de fer, afin que l'enveloppe soit libre de se gonfler ou de s'aplatir, comme celle des aérostats ordinaires. L'équateur, placé un peu au-dessous du centre du ballon, sera suspendu au filet par des colliers en cordes; les mailles s'attacheront aux cosses *A*, *B* (fig. 9).

Les locomotives devront être à l'abri de toute secousse violente; mais s'il survenait, par hasard, quelque avarie majeure, les nacelles resteraient toujours suspendues aux poulies par des cordes de sûreté (*C*, fig. 5, 6 et 8), et les personnes arriveraient à terre sans accident.

Les locomotives devant se diriger d'elles-mêmes sur les rails aérostatiques, par leur force ascensionnelle et descensionnelle, il faudra donc les lester et les délester.

Le lest en fer est le plus commode; au sommet de chaque pavillon, un homme l'accrochera au-dessous des locomotives, qui descendront aussitôt; elles remonteront lorsqu'elles seront délestées. Cette dernière manœuvre s'exécutera aussi par un homme, ou par un des moyens mécaniques que j'ai indiqués dans le Mémoire déposé. Des poids à crochets, du genre de celui dessiné fig. 12, n° 2, s'accrocheront aisément, et supporteront, sans se détacher, les plus fortes secousses.

J'ai donné, dans le Mémoire précédent, des moyens pour franchir les points d'appui des câbles. Quant aux supports des chemins à coulisses, ils n'interrompront nullement les promenades aéronautiques. Il suffira donc de lester et de délester à propos les aérostats, pour que les aéronautes, d'un nouveau genre, montent et descendent, en parcourant, avec la vitesse désirée, un nombre quelconque de lignes droites ou courbes, et sans être exposés à aucun danger : si l'enveloppe d'un ballon éclate ou se déchire, les aéronautes glisseront sur le chemin; en supposant même l'impossible : que le chemin, les roulettes ou les poulies, etc., se brisent ensemble, ils seront portés par l'aérostat, retenu encore par diverses cordes.

L'arrivée s'effectuera sans choc, si la partie des railways où s'arrêteront les promeneurs aériens, est horizontale; autrement, en suspendant le lest à une corde (*L*, fig. 8, 12 et 15), les ballons cesseront de descendre presque aussitôt que le lest touchera la terre.

A la fin de chaque course, et avant que les personnes ne sortent de la nacelle, on la fixera au sol avec un crochet. Une romaine à cadran, tenant à ce crochet, indiquera la force d'ascension, et, par suite, la quantité de lest à ajouter ou à diminuer, suivant le nombre de personnes et le degré de vitesse qu'elles désireront.

Sur les chemins en ligne droite, il ne doit y avoir qu'un seul ballon; s'il y en a plusieurs sur les autres formes de chemins, on les assujettira entre eux par un système de poulies, afin qu'ils ne puissent jamais s'aborder. Il y aura autant de ballons montant que descendant; ceux qui auront plus de vitesse entraîneront ceux qui en auront moins, et ils s'arrêteront tous lorsque l'un s'arrêtera.

Si les chemins étaient à coulisses, on n'aurait pas besoin de ballons. En augmentant le poids du lest, les chars les plus lourds, en descendant, feraient monter les plus légers. Ce moyen offre de grandes difficultés; néanmoins, si l'on pouvait changer facilement l'inclinaison des coulisses, les chars monteraient et descendraient d'eux-mêmes, par la seule augmentation ou diminution de leur *pesanteur relative*.

On peut obtenir ce résultat, en ne faisant soutenir le chemin de la fig. 2, que par son sommet *A*, comme, par exemple, dans la fig. 21. Cette machine serait en fer; des barres la consolideraient dans tous les sens; étant en parfait équilibre sur une espèce de grand tréteau, il faudrait peu de force pour la faire balancer, malgré l'énormité de son poids. A mesure qu'un des plans s'inclinera davantage, l'autre se rapprochera de l'horizontale; par conséquent, la pesanteur relative d'un char augmentera en même temps que celle de l'autre char diminuera. En d'autres termes, la diminution de la résistance sera constamment égale à l'augmentation de la puissance; et comme les chars sont amarrés ensemble par deux chaînes appuyées sur des poulies placées en *B*, il est évident que celui qui aura le plus de pesanteur relative fera monter l'autre. Ainsi, le char *A* qui descend fait monter le char *D*, parce que le plan *BA* est plus incliné que le plan *BC*. Si l'on change l'inclinaison des plans, en inclinant contrairement la base *AC*, le char *D* descendra à son tour et fera monter le char *A*.

L'appareil sera mis en mouvement par deux cordes fixées aux chars, qui s'enrouleront en sens contraire sur un treuil à engrenage, en passant par des clans à rouet *C*, *A*, et par les poulies *P*,*p*. Il n'y aura, ni choc, ni secousse, les cordes et le treuil s'opposant à ce que les extrémités *A*,*C* viennent frapper contre la terre, qu'elles ne toucheront même pas.

Les personnes seront toujours d'aplomb en suspendant leurs siéges dans les chars.

En appuyant le chemin à coulisse de la fig. 4 par les points *A*,*B*, on aura une balançoire circulaire, autour de laquelle des chars glisseraient sans interruption. Je ne m'occuperai pas de cette machine, parce que M. Faget jeune, habile mécanicien de Bordeaux, l'a déjà inventée et exécutée avec succès.

La pluie qui tombe sur un ballon inonde littéralement la nacelle. L'eau, par son *adhérence* à l'enveloppe, glisse, se réunit à la partie inférieure de l'aérostat. En prolongeant cette partie jusqu'au côté de la nacelle, ou en recevant l'eau dans un boyau à entonnoir, elle s'écoulera au dehors.

PROJET DE COURSES AÉRIENNES,

FACILE A RÉALISER DANS UN ÉTABLISSEMENT PUBLIC.

Le chemin sera formé par deux lignes parallèles de câbles appuyés sur un pavillon, tel que *APC* (fig. 25); la continuation *CpD* ne devant pas exister, les câbles seront amarrés au sol par leurs extrémités *A* et *C*.

Le pavillon sera en bois, d'une construction légère, étant étayé comme les mâts des vaisseaux, qui ont à supporter un effort bien autrement supérieur; sa hauteur sera proportionnée à la grandeur de l'Établissement. Les points d'appui des câbles *P* seront franchis au moyen de deux roues (fig. 17) dont nous avons déjà expliqué l'usage.

Soit un des ballons de nos aéronautes, assujetti aux câbles par le cerceau (fig. 6); en partant de *A* (fig. 25), l'aérostat s'élèvera jusqu'en *P*. Un homme, placé sur le pavillon, accrochera alors un poids à la nacelle, en la poussant en même temps en avant pour faire tourner les roues qui soutiendront les câbles, et aussitôt l'aérostat descendra vers *C*; puis, étant délesté subitement, il remontera au sommet *P*, repassera sur l'autre voie *A*, retournera en *C*, ainsi de suite.

CONCLUSION.

Les Courses aériennes seront préférables aux Montagnes russes; en voici les motifs :

1° — Les nacelles partiront depuis le sol; — et les chars des montagnes ne glissant que par l'effet de leur pesanteur, partent du sommet d'un pavillon. — Dans la première hypothèse, on ne se fatiguera pas; dans la seconde, au contraire, il faut, chaque fois, commencer par gravir des centaines de degrés d'un escalier rapide; en un mot, il faut préalablement acheter le plaisir par la peine. Et si, dans la vie, il est des circonstances où la peine est un stimulant au plaisir, qu'elle rehausse et fait sentir plus vivement, il n'en est pas de même ici, car se fatiguer n'est pas un amusement.

2° — Une fois les chars arrivés à terre, — tout est dit, tout est fini; — tandis que les nacelles ne s'arrêtent que lorsqu'on le veut.

3° — Enfin, avec le nouveau système, on pourra modérer ou accélérer la vitesse à volonté.

Les Courses aériennes prospèreront-elles sous le rapport industriel? — Mes espérances sont principalement fondées sur leur nouveauté, — qualité infiniment précieuse aux yeux du public. Effectivement, ne voit-on pas tous les jours le succès couronner des choses qui, souvent, n'ont pour tout mérite que celui de la nouveauté? — Tout nouveau, tout beau. Et de plus, l'enthousiasme n'est-il pas universel, ne paie-t-on pas partout un tribut d'admiration à la sublime invention des aérostats? Non, personne ne se refusera la satisfaction de s'élever dans l'air, lorsqu'un pareil plaisir sera si facile à obtenir, et surtout lorsqu'il ne présentera aucun danger!

P. S. J'aurai encore à indiquer deux applications du chemin de fer aérostatique; mais elles paraîtraient si chimériques, que je ne dois les dévoiler qu'en démontrant leur possibilité matérielle; ce qui exigerait un long travail, que je ferai lorsque les circonstances me le permettront. Jusque-là, tous mes efforts, toutes mes veilles, seront consacrés à la Navigation aérienne, dont la réalisation est mon seul désir, et à laquelle j'ai voué mon repos et ma vie.

FIN.

www.ingramcontent.com/pod-product-compliance
Ingram Content Group UK Ltd.
Pitfield, Milton Keynes, MK11 3LW, UK
UKHW021047200726
13857UKWH00003B/853

9 782012 882539